Chris Grijns

Relax@work

HERDER spektrum
Band 6153

Das Buch

Zeit für eine Pause? Neben den „offiziellen" Unterbrechungen ist der durchschnittliche Berufstätige etwa 23 Minuten pro Tag mit etwas anderem beschäftigt als der Arbeit. Doch womit verbringen wir diese kleinen Auszeiten? Grübeln? Süßigkeiten essen? Im Internet surfen? Achtsamkeit ist eine Alternative dazu. Schon wenige Minuten aufmerksamen Spürens unserer selbst steigern wirksam das Wohlbefinden und machen die Arbeit effizienter – längerfristig führen sie zu mehr Klarsicht und Ausgeglichenheit. Die unterschiedlichen Übungen dieses Buches basieren auf der von Jon Kabat-Zinn entwickelten und erwiesenermaßen wirksamen Technik der Achtsamkeitsmeditation, die sich durch ihre einfache Durchführbarkeit vielfach bewährt hat. Sie sind speziell auf den Berufsalltag zugeschnitten, vom Weg zur Arbeit über die unterschiedlichen Situationen und Anforderungen des Arbeitstages bis hin zum Feierabend. Sie helfen, eingefahrene, aber wenig erholsame Verhaltensmuster zu durchbrechen und stattdessen wirklich durchzuatmen und aufzutanken.

Die Autorin

Chris Grijns ist Medizinsoziologin und Trainerin und selbstständig als Beraterin und Seminarleiterin tätig.
Weitere Informationen auf der Webseite ihres Instituts
www.mindfulwerken.nl

Im Achtsamkeitstraining, der sogenannten Mindfulness Based Stress Reduction (MBSR), wurde sie unter anderem von Johan Tinge und Jon Kabat-Zinn ausgebildet.

Chris Grijns

Relax@work

Achtsam und entspannt im Berufsalltag

Aus dem Niederländischen
von Waltraud Heitzer-Gores

HERDER

FREIBURG · BASEL · WIEN

Deutsche Erstausgabe

Titel der Originalausgabe:
Chris Grijns: Adempauze. Aandacht trainen op het werk
ISBN 978 90 259 5823 7

© 2007 Uitgeverij Ten Have
Postbus 5018, 8260 GA Kampen
www.uitgeverijtenhave.nl

Für die deutschsprachige Ausgabe:
© Verlag Herder GmbH, Freiburg im Breisgau 2010
Alle Rechte vorbehalten
www.herder.de

Umschlagkonzeption und -gestaltung:
R·M·E Eschlbeck / Hanel / Gober
Umschlagmotiv: © Bertram Walter
Foto: © Adrienne Norman

Satz: dtp-Satzservice Peter Huber
Herstellung: fgb · freiburger graphische betriebe
www.fgb.de

Gedruckt auf umweltfreundlichem, chlorfrei gebleichtem Papier
Printed in Germany

ISBN 978-3-451-06153-0

Inhalt

Die Übungen in diesem Buch habe ich für Menschen zusammengestellt, die bewusster und mit mehr Achtsamkeit arbeiten wollen. Ich selbst praktiziere diese Übungen auch immer wieder. Für alles, was ich über das Training der Achtsamkeit von meinen Meditationslehrern Jotika Hermsen, Mettavihari, Johan Tinge und Jon Kabat-Zinn sowie Linda Lehrhaupt gelernt habe und immer noch lernen kann, bin ich dankbar. Auch meine Kursteilnehmer helfen mir dabei, achtsam zu bleiben. Ich habe ihre Erfahrungen als Beispiele in diesem Buch verwendet.

Chris Grijns
März 2010

Vorwort von Linda Lehrhaupt

Wie können wir mit den zunehmenden Stressbelastungen und Herausforderungen unseres Arbeitsalltags konstruktiv umgehen? Wie können wir in den zahllosen hektischen Situationen am Arbeitsplatz den Zugang zu unseren inneren Ressourcen und Kräften bewahren oder ihn überhaupt erst aktivieren? Chris Grijns beantwortet diese Fragen in dem vorliegenden Ratgeber, in dem sie hilfreiche Methoden aus dem Übungsprogramm *Stressbewältigung durch Achtsamkeit (MBSR)* vorstellt. Der Autorin gelingt hier eine sehr effektive Umsetzung der Achtsamkeitspraxis für den Arbeitsalltag. Achtsamkeit ist eine bewährte Methode, um die eigenen Ressourcen und das heilsame Potenzial in uns zu wecken und bewusst mit unseren Gedanken, Gefühlen und unserem Körper umzugehen. Die Praxis der Achtsamkeit ist damit ein Schlüssel zu mehr Lebensglück, denn sie zeigt Wege aus der täglichen Zerstreutheit, lehrt uns innezuhalten und immer wieder die entscheidenden Fragen zu stellen: Bin ich gerade wirklich anwesend in meinem Leben? Wie intensiv lebe ich den jetzigen Augenblick?

Halten Sie sich bitte vor Augen, liebe Leserinnen und Leser, dass die meisten von uns mindestens ein Drittel des Tages mit Arbeit verbringen. Welch immense Lebenszeit das ist! Und doch betrachten wir unseren Arbeitsalltag manchmal nur als notwendiges Übel, als eine Zeit, die uns nicht wirklich zur Verfügung steht. Ungeduldig denken wir bereits am Morgen an den Feierabend und planen in Gedanken unseren Jahresurlaub. Doch das Leben findet hier und jetzt statt. Leben wir es nicht in diesem Augenblick, dann geht es uns verloren. Wenn Sie sich dieses immensen Potenzials an Lebenszeit bewusst und dazu bereit sind, es für ein erfülltes Leben zu nutzen, dann ist dieser praktische Ratgeber von Chris Grijns das richtige Buch für Sie.

Mittels vieler praktischer Übungen, die sich mühelos und ohne großen Zeitaufwand in den Arbeitsalltag integrieren lassen, zeigt die Autorin, wie wir unsere Arbeit bewusster erleben können. Sie präsentiert Methoden, die dabei helfen, in einer zunehmend von Zeitmangel und Informationsflut dominierten Arbeitswelt Augenblicke der Ruhe und Entspannung zu schaffen und so Stressreaktionen zu vermeiden. Diese Übungen schaffen Momente der Wachheit und Achtsamkeit, aus denen wir die Kraft für die Bewältigung unseres hektischen Arbeitsalltags ziehen können. So zeigt die Autorin zum Beispiel auf, wie wir uns mit Achtsamkeit der täglichen E-Mail-Lawine stellen können, ohne unter ihr begraben zu werden. Sie lehrt uns, wie wir das Klingeln des Telefons zu einem Moment des bewussten Innehaltens, zu einer Art Achtsamkeitsglocke werden lassen können, um aus der Haltung der inneren Ruhe heraus zum Hörer zu greifen. Sie gibt uns praktische Achtsamkeitsübungen im Umgang mit schwierigen Kollegen und schmerzhaften Emotionen mit auf unseren Arbeitsweg.

Entscheidend für die Übungspraxis des MBSR sind die Fragen: Was geschieht gerade jetzt? Was spüre ich? Was nehme ich wahr? Gelingt Ihnen dieses Innehalten, dann werden Sie feststellen, dass Ihre Arbeit eine ganz neue Qualität erhält. Achtsamkeit geht immer – hier und jetzt!, so könnte das Fazit dieses Buches lauten. Gönnen Sie sich immer häufiger solche Momente der Achtsamkeit. Sie sind es, die Ihren Arbeitsalltag zu einer wertvollen und erfüllten Lebenszeit machen.

Dr. Linda Lehrhaupt, geb. 1949, ist Gründerin und Leiterin des *Instituts für Achtsamkeit und Stressbewältigung* in Bedburg bei Köln. Ausbildung an der Stress Reduction Clinic, USA, bei Jon Kabat-Zinn. Sie ist

Ko-Autorin des Titels *Stress bewältigen mit Achtsam-keit. Zu innerer Ruhe kommen durch MBSR – Mindfulness Based Stress Reduction*. Kösel, 2010.

Weitere Informationen auf der Website des Instituts: www.institut-fuer-achtsamkeit.de

1. Die Atempause

Pause machen

Arbeitnehmer sind im Schnitt 23 Minuten am Tag
nicht bei der Sache: Während sie eigentlich arbeiten
sollten, starren sie aus dem Fenster, gehen eine Run-
de spazieren oder trinken eine Tasse Kaffee, in der
Hoffnung, wieder einen klaren Kopf zu bekommen.
Das Verzehren von Snacks ist ebenfalls eine Lieblings-
beschäftigung, mehr noch als Rauchen, das Surfen
im Internet, Mailen oder das Führen von Privat-
gesprächen. Das haben Forscher herausgefunden.

Ein durchschnittlicher Arbeitnehmer verliert aufgrund
solcher Momente mangelnder Aufmerksamkeit jeden
Monat einen ganzen Arbeitstag, so konnte man auch
in den Medien schon lesen.

Wenn man das so liest, könnte man den Eindruck
gewinnen, dass Arbeitnehmer an sich in der Lage
wären, jede Minute am Tag aufmerksam und produk-
tiv zu sein, acht Stunden am Tag stets gleichbleibend
konzentriert und zielgerichtet an ihren Aufgaben zu
arbeiten, ohne auch nur einen Moment lang zu träu-
men, vor sich hin zu starren oder mit anderen zu
plaudern.

Die Praxis sieht anders aus. Pausen und Arbeit gehören zusammen. Mehr noch: Vielleicht sind die 23 Minuten, in denen ein Arbeitnehmer sich innerlich ausklinkt, notwendig, um den Rest der Zeit effektiv arbeiten zu können! Tatsache ist, dass das Vor-sich-hin-Träumen oder das zeitweilige Nichtstun bis heute eine wenig gewürdigte Form der Pause ist.

Sich konzentrieren oder abschalten

Es gibt viele Arten von Pause. Die Kaffee- und die Mittagspause sind die gängigsten Formen. Der Mittagsspaziergang ist im Kommen. Manche Unternehmen geben ihren Mitarbeitern während der Pausen Gelegenheit zur sportlichen Betätigung. Das alles sind Formen des Pausemachens, die mehr oder weniger effektiv und akzeptiert sind.

In diesem Buch stelle ich eine weitere Methode vor: die Atempause. Ich werbe für die Pause zwischendurch, die die Sinne schärft und uns achtsamer werden lässt. Wer vor, während oder nach der Arbeit eine kurze, aber richtige Pause macht, bleibt besser in Balance und lädt seine Batterie wieder auf.

Richtig Pause machen ermöglicht eine entspanntere Zukunft. Es muss schlichtweg nicht sein, dass Sie sich jeden Tag in übermüdetem Zustand durch einen Berg von Arbeit kämpfen. Es muss nicht sein, dass Sie jeden Freitagabend völlig erschöpft nach Hause kommen und erst am Sonntag langsam wieder zu Kräften kommen. Sie können genauso viel arbeiten wie bisher, ohne sich derart zu verausgaben.

Doch wie funktioniert das? Indem Sie bewusst Pausen einlegen. Nicht indem Sie sich einfach hängen lassen, was Schläfrigkeit und mentale Abwesenheit zur Folge hat, sondern indem Sie Ihre Aufmerksamkeit auf das Hier und Jetzt richten. Wenn Sie Momente der Reflexion oder eine Minimeditation in das Tagesgeschehen einbauen, konzentrieren Sie sich – offen und ruhig – auf den Moment selbst. Ein wichtiger Vorteil ist, dass Sie die Fähigkeit zum bewussten Pausemachen immer zur Hand haben und zu jedem beliebigen Zeitpunkt des Tages einsetzen können, egal womit Sie gerade beschäftigt sind. So wie jetzt.

Minimeditation

Vermutlich sitzen Sie, während Sie diesen Text lesen. Sie können Ihre Aufmerksamkeit jetzt auf Ihre Sitzhaltung und den Kontakt mit dem Stuhl lenken. Vielleicht spüren Sie Ihre Füße auf dem Boden und nehmen wahr, dass Sie atmen. Folgen Sie ganz ruhig der Atembewegung. Mehr müssen Sie nicht tun, Ihr Körper ist schon da. Sie schenken ihm kurz Ihre Aufmerksamkeit und können nun weiterlesen.

Klüger oder mehr arbeiten

Eine Pause machen, indem man sich konzentriert. Das klingt zunächst widersprüchlich – Sie konzentrieren sich doch schon auf Ihre Arbeit! Richtig. Das heißt aber noch nicht, dass Sie mit Ihrer Aufmerksamkeit auch wirklich immer bei der Sache sind. In kurzen Pausen, variierend von einer Mikropause von drei Minuten bis zu einer Viertelstunde, können Sie Ihre Achtsamkeit trainieren. So werden Sie immer öfter wach und frisch durchstarten können, und Sie lernen auf diese Weise außerdem, klüger statt immer mehr zu arbeiten.[1]

Vielleicht fragen Sie sich jetzt, worauf Sie Ihre Aufmerksamkeit denn richten sollen. Die Antwort lautet: auf sich selbst, genau in diesem Moment. Sie verlagern Ihre Aufmerksamkeit von außen nach innen. Sie sind sich Ihrer Aktivität bewusst und erkunden, was Sie in sich selbst wahrnehmen. Ihr ganzer Körper, aber auch Ihr Bewusstsein können als Objekt der Aufmerksamkeit dienen. Zunächst ist da einmal Ihre Atmung, aber auch Ihre Körperhaltung, Ihre Bewegungen und alles, was in Ihr Bewusstsein dringt, gehören dazu: Gedanken, Gefühle, Träume, Erinnerungen, Geräusche, Bilder. Indem Sie sich dahingehend trainieren, all diesen Dingen Ihre Aufmerksamkeit entgegenzubringen, lernen Sie, echte Pausen zu machen. Sie werden Tätigkeiten wie Schlendern, Herumstehen und Vor-sich-hin-Starren neu schätzen lernen – als sinnvolles Auf-der-Stelle-Treten, als Übung der Verlangsamung, der Konzentration, als Akt der bewussten Achtsamkeit für die Qualität des Augenblicks.

Klingt das für Sie noch ein wenig vage? Warten Sie ab, beim weiteren Lesen dieses Buches finden Sie eine Menge sehr konkreter, praktischer Übungen, die Ihnen dabei helfen können, sich still und unauffällig von allen Anspannungen und Aktivitäten zu erholen, die Sie sich täglich abverlangen.

Die Armbanduhr-Meditation

Achtsamkeit und Konzentration kann man trainieren. Folgen Sie einmal mit ganzer Aufmerksamkeit dem Sekundenzeiger Ihrer Armbanduhr. Machen Sie das eine ganze Minute lang. Schauen Sie auf die Uhr und registrieren Sie nebenbei, was in Ihnen vorgeht. Folgen Sie ausschließlich dem Sekundenzeiger Ihrer Uhr oder drängen sich Ihnen andere Reize auf?

● ● ● ● ●

Und, was haben Sie alles registriert? Sind Ihnen Gedanken durch den Kopf gegangen wie: „Was dauert eine Minute doch lang?" oder „Eigentlich habe ich ja etwas Besseres zu tun ..." oder „Was bin ich doch tüdelig, dass ich mich nicht einmal eine Minute lang konzentrieren kann!"?

Sie haben den Eindruck, diese Gedanken lenken Sie von der Konzentration auf den Zeiger ab. Das stimmt aber nicht. Denn genau bei der Wahrnehmung dieser Art von Gedanken beginnt das Achtsamkeitstraining:

wahrnehmen, wo man ist. Wissen, was im eigenen Bewusstsein vor sich geht.

Zwar fokussieren Sie Ihre Aufmerksamkeit auf den Sekundenzeiger; die Übung besteht aber darin, dass Sie immer wieder aufs Neue feststellen, was genau Sie gerade tun: Vielleicht machen Sie Pläne, denken nach, fühlen körperliches Unbehagen oder schauen nur auf den Sekundenzeiger.

Atemnot

Leben in ständiger Eile

Hat man früher einen Brief verschickt, musste man Tage oder gar Wochen auf eine Antwort warten. Nach dem Versenden trat also zunächst ein Ruhemoment ein. Heutzutage ist das anders: Viele Menschen sind schon irritiert, wenn eine E-Mail länger als einen Tag unbeantwortet bleibt.

Was für Briefe gilt, trifft auch für viele andere Aktivitäten des modernen Lebens zu: Den natürlichen Rhythmus von Aktivität und Ruhe scheint es nicht mehr zu geben. Das bestätigt der norwegische Sozial-Anthropologe Thomas Hylland Eriksen und weist auf eine der größten Paradoxien der Informationsrevolution hin: Je mehr Zeit wir durch moderne Technologien wie E-Mail und SMS einsparen, desto größer wird unser Zeitmangel. Wir sind uns des Werts der Langsamkeit kaum mehr bewusst. Die Kunst des geduldigen Wartens beherrschen wir nicht mehr. Das ist schade, denn natürliche und soziale Prozesse, wie aufblühende Knospen im Frühling oder ein Abendessen mit Freunden, brauchen Zeit, schenken uns dafür aber auch große Freude, jedenfalls, wenn wir wirklich präsent sind und Kontakt erleben können.

Ein 37-jähriger Mann, der in der Jugendarbeit tätig ist, erzählt:
„In der hektischen Zeit vor dem Sommer renne ich wie ein Verrückter durch die Gegend. Ich funktioniere buchstäblich auf Kaffee und Zigaretten. Wenn der Motor einmal läuft, bin ich nicht mehr zu stoppen und bewältige Berge von Arbeit. Wenn ich dann aber einmal frei habe, bin ich zu ruhelos, um etwas zu essen, und gehe lieber in die Kneipe."

● ● ● ● ●

Leider gönnen wir uns kaum noch das Vergnügen, einmal langsam zu sein. Unser Tempo und unsere Aktivitäten haben in allen Lebensbereichen zugenommen: Wir schlafen weniger, arbeiten mehr und reden sogar schneller als vor hundert Jahren. Vorzugsweise machen wir zwei Dinge gleichzeitig: Telefonierende Radfahrer fallen längst nicht mehr auf.

Auch im Privatleben stehen wir ständig unter Strom und sind hohen Erwartungen ausgesetzt. Wir sind permanent erreichbar, gehen in unserer Freizeit anspruchsvollen Aktivitäten nach und geraten regelrecht außer Atem von all den Dingen, die wir glauben, noch tun zu müssen. Ruhemomente sind selten und drohen in unseren auf Effizienz ausgerichteten Lebensformen völlig an Wertschätzung zu verlieren.

Die Beschleunigung hat ihren Preis

Doch die Geschwindigkeit hat ihren Preis: Nach einer gewissen Zeit protestiert der Körper gegen die andauernde Aktivität. Es kommt zu ungesunden Stressreaktionen wie Reizbarkeit, Ruhelosigkeit, Konzentrationsstörungen, Nicht-mehr-aufhören-Können, täglichem Alkoholkonsum, Unsicherheit und Schlaflosigkeit. Die Wahrscheinlichkeit, an einem Burnout-Syndrom, an Depressionen, Angststörungen oder hohem Blutdruck zu erkranken, steigt. Das gilt für große Gruppen der Bevölkerung. So zeigen alle jüngeren und aktuellen Statistiken, dass immer mehr Menschen von Burnout bedroht sind.

Ein Burnout-Syndrom geht mit Beschwerden wie Müdigkeit, nachlassendem Selbstvertrauen am Arbeitsplatz und Zynismus einher und ist nur schwer von einer Depression, einer Überlastung oder einem Erschöpfungszustand zu unterscheiden. Burnout kommt vor allem bei Arbeitnehmern im Gesundheitswesen, im sozialen Bereich und im öffentlichen Dienst vor.

Wir haben gelernt, Leistung zu erbringen, aber wir haben verlernt, auf die Signale unseres Körpers zu hören. Zu Stressbeschwerden kommt es, wenn die natürliche Fähigkeit, sich von Anspannung und Stress zu erholen, verloren gegangen ist. Bei guten Voraussetzungen ist der Körper sehr gut in der Lage, sich zu regenerieren. Doch dazu muss man nach einer Beschleunigung auch wieder auf die Bremse treten und Tempo reduzieren können, beispielsweise indem man eine Atempause einlegt. So kann das Nervensystem für Erholung sorgen und der Mensch zur Ruhe kommen. Aktiv wird der Körper ganz von selbst wieder, aber Erholung ist kein Reflex. Deshalb ist es so wichtig, wieder zu lernen, Pausen einzulegen, den Körper und den Geist zu beobachten, so dass aufgestaute Spannung auf natürliche Weise aufgelöst werden kann.

Ein 35-jähriger Mann, der im Sicherheitsdienst eines Krankenhauses arbeitet, erzählt:
„Manchmal springe ich im Krisendienst des Krankenhauses ein. Wir beantworten täglich an die 600 Anrufe. Das ermüdet mich enorm: die vielen Anrufe, dazu der Lärm der Kollegen um mich herum. Ich habe mich mit ihnen dahingehend verständigt, dass ich dreimal am Tag kurz verschwinden darf. Dann ziehe ich mich mit meinem Kopfhörer in den Ruheraum zurück, zähle schon auf dem Weg dorthin meine Schritte und mache die Drei-Minuten-Atempause (siehe dazu Kapitel 2, S. 80–82). Danach kann ich wieder mehr Geduld aufbringen."

Neu lernen, Pausen zu machen

Innehalten und beobachten

Erinnern Sie sich noch, wie Sie als Kind mit ganzer Aufmerksamkeit einem wuselnden Heer von Ameisen zusehen konnten? Sie blieben stehen, weil Sie wissen wollten, wo genau die Tiere in der Mauer verschwanden. Dann haben Sie die Szene weiterverfolgt und beispielsweise eine einzige Ameise beobachtet, die schwer an einem Brotkrümel zu schleppen hatte. Diese Aufmerksamkeit, diese Konzentrationsfähigkeit von damals können Sie im Hier und Jetzt wiederfinden. Es ist eine Fähigkeit, die Sie trainieren und ausbauen können.

Das Training der Achtsamkeit kostet allerdings etwas Mühe. Seien Sie also nicht überrascht, wenn Sie nicht auf Anhieb innehalten können oder wenn es Ihnen nicht sofort gelingt, mit Ihrer Aufmerksamkeit bei einem Objekt Ihrer Wahl zu bleiben, auch wenn Sie das noch so gerne möchten. Es ist völlig normal und menschlich, unwillkürlich an irgendetwas zu denken. So funktioniert unser Gehirn: Es will immer wieder abschweifen. Sie können sich aber darin üben, dieses Abschweifen immer wieder zu registrieren.

Achtsames Sitzen

Halten Sie für einen Moment inne und unterbrechen Sie, womit Sie gerade beschäftigt sind. Machen Sie sich Ihre sitzende Haltung bewusst, legen Sie eine Hand auf den Bauch oder die Brust und finden Sie heraus, wo Sie die Bewegungen des Atems spüren. Folgen Sie diesen Bewegungen dann mit Ihrer Aufmerksamkeit. Vielleicht merken Sie, wenn Ihre Konzentration nachlässt, und stellen dann vielleicht fest, dass Sie nachdenken oder etwas anderes fühlen. Und genau wenn Sie dieses Abschweifen bemerken, sind Sie bereits wieder aufmerksam; es gehört einfach dazu. Führen Sie Ihre Aufmerksamkeit dann ganz sanft und wohlwollend – immer wieder aufs Neue – zu den Bewegungen der Brust oder des Bauches zurück.

Mit ein bisschen Übung können Sie auch lernen, den aufsteigenden Gedanken oder das entsprechende Gefühl als das zu erkennen, was es ist: nicht mehr und nicht weniger als ein Gedanke oder eine Emotion.

● ● ● ● ●

Wenn Sie täglich mehrmals auf diese Weise das Pausemachen üben, wird sich in Ihrem Körper einiges verändern. Die aufgestaute Spannung bekommt Aufmerksamkeit und findet ein Ventil. Ihr Immunsystem wird gestärkt. Sie werden belastende Emotionen, die sich in körperlichen Beschwerden wie Müdigkeit oder Kopfschmerzen äußern, rechtzeitig wahrnehmen.

Auch in Ihrem Bewusstsein finden Veränderungen statt. Durch diese Übungen, die nur wenig Zeit beanspruchen, lernen Sie Ihre eigenen Gewohnheiten und Routineabläufe kennen und machen dabei vielleicht die Erfahrung, dass Sie oft achtlos und ohne Aufmerksamkeit an Dinge herangehen. Oder Sie erkennen, wie ungeduldig Sie sind, wie wenig offen für andere Ideen. Vielleicht wird Ihnen bewusst, wie angespannt Sie den Tag schon beginnen.

Freundlich und genau

Eine Atempause-Übung ist nicht dazu da, sich wegen
der eigenen Ungeduld oder Anspannung zu sorgen
oder sich Vorwürfe zu machen, weil man gestresst
oder unvollkommen ist, sondern dafür, sein eigenes
Handeln zu beobachten. Und zwar möglichst mit
einem ebenso objektiven und frischen Blick wie der-
jenige des Mister Spock, einem der Helden aus der
Science-Fiction-Reihe *Star Trek*. Mister Spock stammt
von dem Planeten Vulkan und hat zunächst keine
Meinung zu all dem, was ihm auf der Erde zu Gesicht
kommt. Wie ein Wissenschaftler können auch Sie
Daten zu Ihren Wahrnehmungen in der Außenwelt
sammeln und mit derselben Akribie auch Ihre innere
Welt betrachten. Das Training der Achtsamkeit besteht im Grunde genommen darin, wahrnehmen zu
lernen, „wie es funktioniert", in Ihrem Körper und
in Ihrem Geist. Sie lernen beobachten, ohne zu urtei-
len. Dadurch üben Sie sich gleichzeitig darin, freundlich und geduldig mit sich selbst und anderen umzugehen.

Geduld und Freundlichkeit sind Qualitäten, die Sie
im Umgang mit anderen auch gerne selbst erleben
und an den Tag legen. Beobachten Sie einmal, wie Sie
einem kleinen Kind zu Hilfe kommen, das hingefal-
len ist. Sie machen das in einem sanften, relativieren-

den Ton, ohne jeglichen Vorwurf. Sie können lernen, auf ähnlich freundliche, wohlwollende Art und Weise Aufmerksamkeit für Stress, für unerwünschte Ausflüge Ihres Geistes aufzubringen. Damit können Sie jederzeit anfangen und sich damit in weiser Lebensführung üben.

Ein 54-jähriger wissenschaftlicher Mitarbeiter (einer Universität) erzählt:
„Ich stelle sehr hohe Ansprüche. Auch zu Hause. Nichts ist mir gut genug. Das macht mich unzufrieden. Jetzt übe ich mich darin, einige Momente still zu verweilen und zu atmen. Und dann sage ich mir: Du kannst jederzeit neu damit anfangen. Das ist viel angenehmer, als mich jedes Mal so niederzumachen."

Das Paradox des Übens

Üben ohne Zielvorgabe

Bei der Arbeit sind die meisten unserer Aktivitäten zielorientiert. Sich ausruhen, einen Tag lang ohne Informationsreize arbeiten, das Tempo reduzieren, einmal nur ein wenig herumhängen, die Natur bewundern: Es scheint, als sei dies nur noch für Urlaube gedacht. Und selbst hier geht es vielen von uns doch vorwiegend darum, das kulturelle „Gepäck" zu vergrößern oder die Kondition zu verbessern. So reihen wir eine lange Phase mit interessanten Beschäftigungen an die nächste.

Die Ruhe bleibt dabei auf der Strecke.
Der Bogen ist immer gespannt.

Beim Training der Achtsamkeit lassen Sie diese Ausrichtung auf das Ziel los. Es geht nicht darum, dass Sie irgendetwas Spezielles erreichen. Sie lockern die Zügel Ihrer Willenskraft und setzen sich dafür ein, mit Hingabe offen zu sein für das, was der jeweilige Moment mit sich bringt, sowohl außerhalb als auch innerhalb der eigenen Person. Die Hinwendung zum Augenblick bringt immer eine authentische Erfahrung mit sich; das kann einmal ein intensives Glücksgefühl sein, ein andermal die Konfrontation mit einem unangenehmen Gedanken, der Aufmerksamkeit verlangt.

Der Umgang mit Erwartungen

Vielleicht glauben Sie, dass das Achtsamkeitstraining schnell zu messbaren Effekten führen muss, dass Sie sich beispielsweise schon nach kurzer Zeit besser entspannen können oder dass Sie lernen werden, sich besser zu konzentrieren. Ich gebe zu, dass auch dieses Buch teilweise solche Erwartungen schürt.

Erwartungen können aber irreführend sein. Oft entstehen sie als Folge einer automatischen Reaktion: Wir lesen etwas Positives und wollen dieses Positive dann gerne auch erfahren. Wenn Sie sich beispielsweise bei den Übungen viel Mühe geben und sich hinterher nicht ruhiger fühlen, werden Sie enttäuscht sein oder den Eindruck haben, hereingelegt worden zu sein.

Üben Sie regelmäßig und sind Sie erst einmal mit der Sache vertraut, so werden Sie diese Momente erkennen können, in denen Sie sich in Ihren eigenen Gedanken verstricken – in diesem Fall in der Erwartung, dass eine gesunde oder positive Anstrengung zu einem gesunden und angenehmen Gefühl führen muss. Von dieser Erwartung lassen Sie sich mehr oder weniger in Besitz nehmen und meinen, dass Sie in Zukunft Rechte daraus ableiten können.

Das Training der Achtsamkeit schließt auch ein, dass Sie sich solcher zwingender Gedanken bewusst werden können und dann für sich selbst klarstellen: Hey, ich bin dabei, etwas zu erwarten.

Unser Gehirn produziert jeden Tag eine schwindelerregende Menge an Gedanken, die durch unseren Kopf sausen und von deren Inhalt wir uns leicht ablenken lassen. Für Ungeübte ist es sehr schwierig, bei einem einzigen Gedanken zu verweilen.

Eine mögliche Strategie ist, die Aufmerksamkeit auf das Kommen und Gehen der Gedanken zu richten und auf die körperliche Empfindung zu achten, die mit ihnen einhergeht. So verschiebt man die Aufmerksamkeit vom eigentlichen Denken weg, hin zur Beobachtung des Gedankens.

Gedanken wahrnehmen

Schließen Sie für einen Moment die Augen.
Spüren Sie der Bewegung des Atems nach, spüren
Sie, wie die Luft in den Körper hinein- und hinaus-
geht. Wenn Sie nun einen Gedanken bemerken,
stellen Sie sich die folgende Frage: Wo genau
spüre ich diesen Gedanken? Vielleicht fühlt sich
Ihre Stirn etwas straff an. Vielleicht spüren Sie,
wie der Atem auf den Gedanken reagiert. Gelingt
es mir, den Beginn des Gedankens wahrzunehmen und sein Ende zu erkennen? Lassen Sie es
zu und sagen Sie sich: Ja, es sind Gedanken da,
sie kommen und sie gehen.

● ● ● ● ●

Das ist es, was jetzt ist. Und auch wenn ein Gedanke
noch so überzeugend und glaubwürdig erscheinen
möchte: Letztlich ist er nichts weiter als ein Gedanke.
Er ist keine Tatsache und kein Versprechen – und das
gilt auch für einen Gedanken, der vorgibt, ein Versprechen zu sein.

Eine 43-jährige Büroleiterin erzählt:
„Mir war aufgefallen, dass ich immer schrecklich
müde war. Frühestens am Sonntag fühlte ich mich
einigermaßen regeneriert. Hinzu kam, dass ich
mehr von mir erwartete, als ich leisten konnte.
Ich kriegte so wenig hin und war zu Hause nicht
gerade die Fröhlichste. Nun versuche ich, besser für
mich zu sorgen und richtige Pausen zu machen.
Auch tagsüber will ich Ruhemomente einbauen
und lese dabei ein paar Tipps. Dass meine Gedan-
ken nicht immer Tatsachen sind, hilft mir weiter!"

Routineabläufe unter der Lupe

Das Achtsamkeitstraining kann entspannend wirken.
Manchmal führt es aber auch dazu, dass man Anspannung stärker wahrnimmt. Die Praxis der Achtsamkeit ist also nicht in erster Linie eine Entspan-
nungstechnik, sondern bietet uns die Gelegenheit,
eine Reihe von automatischen Reaktionen und Routi-
neabläufen unter die Lupe zu nehmen, beispielsweise unsere Neigung, bei Meetings gedanklich ganz
woanders zu sein und erst bei der Fragerunde wach
zu werden. Oder die Neigung, noch die E-Mails zu
checken, bevor man mit der eigentlichen Aufgabe

beginnt. Oder die Angewohnheit, zu
zusätzlichen Arbeiten immer „Ja" zu
sagen. Vielleicht haben Sie sich auch
angewöhnt, die Mittagspause ausfallen zu lassen, weil Ihnen
die Arbeit gerade so gut von
der Hand geht.

Routinehandlungen erscheinen
uns sehr effizient, kosten letztlich aber viel Energie.
Denn Sie bemerken dabei nicht, wie viele Gedanken,
Emotionen oder Körpersignale sich „zu Wort melden"
möchten und was sie Ihnen zu sagen haben, sondern
sind nur damit beschäftigt, permanent Forderungen
zu erfüllen, die die automatischen Routineabläufe an
Sie stellen. Auf diese Weise kann es Ihnen passieren,
dass Sie den ersten Frühlingstag verpassen. Oder
dass Sie sich urplötzlich müde oder ängstlich fühlen.
Oder dass alle nicht verarbeiteten Reize Sie nachts
noch einmal überfallen.

Wer beginnt, das Pausemachen zu üben, zu üben, die
Aufmerksamkeit auf seinen Körper und seinen Geist
zu lenken, wird diese Art von automatischen Reaktionen erkennen lernen. Häufiges Üben bringt uns hier
weiter – auch dann, wenn wir keine Ruhe oder keine
Zeit haben, wenn wir uns ausgezeichnet fühlen, viel

Energie haben oder keine Lust verspüren: Üben ist der Schlüssel! Üben ist erforderlich, um eine neue, gesündere Beziehung zu den eigenen Erfahrungen herzustellen.

Was Sie herausholen können

Niemand anderes kann für Sie üben, denn das Rezept ist letztlich nur Papier. Übung macht den Meister. Oder, wie der Werbespruch auf dem Jahrmarkt verspricht: „Mitmachen heißt gewinnen!" Je mehr Sie hineinstecken, desto mehr können Sie herausholen. WAS Sie herausholen, ist eine frische Haltung bezüglich Ihrer eigenen Person. Sie werden sich in allen Lebensbereichen autonomer positionieren: bei der Arbeit, auf der Ebene der Gefühle, bei Problemen, Spannungen oder Termindruck.

Die Praxis der Achtsamkeit ist kein Zaubertrick und keine Lösung für all Ihre Probleme. Doch sie schafft Raum zwischen Ihnen selbst und Ihren Problemen, so dass Sie mehr Möglichkeiten parat haben, zu handeln und Ihre Autonomie zu stärken.

Wenn Sie Probleme am Arbeitsplatz haben, kann es notwendig sein, dass Sie um Feedback bitten. Vielleicht sollten Sie sich einmal mit dem Betriebsrat an einen Tisch setzen oder den Betriebsarzt um Rat fragen. Für welche Strategie Sie sich auch entscheiden, es geht dieser Entscheidung doch etwas voraus: das Bewusstsein, dass Sie in der Lage sind, Sie betreffende Situationen klar wahrzunehmen und zu benennen. In einer Atempause erlauben Sie sich auch, die Schattenseiten einer Situation zu erleben, und wenden dafür Ihre ganze Aufmerksamkeit auf. Das kann Raum schaffen, ein solider Ausgangspunkt, um zu überlegen, was Sie nun weiter tun wollen. Sie werden anders „im Leben stehen" und der Beginn dafür ist hiermit gemacht.

Der 50-jährige Direktor einer kulturellen Einrichtung erzählt:
„Von den Übungen ist mir besonders in Erinnerung geblieben, dass ich meine Stirn weich werden lassen kann: Das war neu für mich, dass das so viel Raum schafft."

Ein paar Fakten

Es gibt diverse Studien, die den Effekt des acht-
wöchigen Achtsamkeitstrainings untersucht
haben. In der Wirtschaft zeigte sich, dass Arbeitnehmer, die an einem Achtsamkeitstraining teilgenommen haben, nach einer Grippe-Injektion
mehr Antikörper produzierten als diejenigen, die
nicht teilgenommen hatten. Das deutet auf einen
positiven Effekt der Meditation auf das Abwehr-
system hin. Andere Studien weisen einen Rück-
gang körperlicher und/oder psychischer Beschwerden nach sowie eine Steigerung der Lebensquali-
tät, eine positive Veränderung des Lebensstils, ein
positiveres Selbstbild und ein positiveres Bild der
Umgebung.

Siehe dazu auch: www.mbsr-verband.org (Berufsverband der MBSR-MBCT-Lehrer und -Lehrer-
innen im deutschsprachigen Raum)

2. Achtsamkeitstraining vor, während und nach der Arbeit

In der nun folgenden Anleitung werden die Übungen beschrieben und Sie erhalten Tipps, wie Sie Ihr eigenes Übungsprogramm zusammenstellen können.

Die nachfolgenden Übungen lassen sich problemlos in den Arbeitsalltag und die jeweiligen Tätigkeiten integrieren. Üben können Sie immer, zu jedem beliebigen Tageszeitpunkt: Wenn Sie im Laufe eines Tages mehrere bewusste Atempausen einlegen, können Sie bereits die Qualität dieser Momente genießen.

Betrachen Sie eine Atempause als einen Ankerpunkt. Mitten in der Hektik eines Arbeitstages sorgt eine Atempause dafür, dass Sie zwischendurch mit sich selbst in Kontakt sind. Sie stabilisieren sich, fühlen sich sicher auf den eigenen Beinen und entscheiden, was Sie im nächsten Moment tun möchten. Damit beugen Sie der Gefahr vor, sich vom Irrsinn des Tages mitreißen zu lassen.

Als Erstes finden Sie einige Übungen, die sich in den Tagesrhythmus einpassen lassen. Sie stehen in engem Zusammenhang mit alltäglichen Aktivitäten, wie dem morgendlichen Aufstehen, dem Schreiben von E-Mails oder dem Türöffnen.

Um diese Übungen auch unterwegs oder bei der Arbeit zur Hand zu haben, können Sie sie auch als MP3 speichern oder auf einen iPod kopieren.

Weiter gibt es Übungen, die vor allem im Umgang mit anderen Menschen oder mit bestimmten Gefühlen, wie etwa mit Unsicherheit, eingesetzt werden können.

Tipps für die Praxis

Wählen Sie einen festen Zeitpunkt

Es ist am einfachsten, wenn Sie die
Übungen mit bereits bestehenden
Gewohnheiten oder Handlungen
verbinden, die Sie immer zur glei-
chen Zeit ausüben – wie aufstehen,
Kaffee trinken, zur Toilette gehen, nach
Hause kommen.

Im folgenden Kapitel „Schematische Übersicht" finden Sie eine tabellarische Auflistung aller Übungen,
in der auch der günstigste Zeitpunkt für die Praxis
und Angaben zur Dauer der Übungen genannt werden.

Wählen Sie eine feste Kombination von Übungen

Sie müssen nicht alle Übungen machen, sorgen Sie
aber dafür, dass Sie nicht zu schnell von einer Übung
zur nächsten hüpfen.

Fangen Sie beispielsweise in der ersten Woche mit einer der längeren Sitz- oder Liegemeditationen an und führen Sie diese zu einem festen Zeitpunkt aus. Wählen Sie daneben zwei kürzere Übungen aus, die Sie jeden Tag vor, während oder nach der Arbeit machen.

Suchen Sie sich für die zweite und dritte Woche zwei andere Übungen für den Arbeitsplatz aus und kombinieren Sie diese wieder mit einer 15-Minuten-Übung, die Sie zu Hause machen.

In der vierten Woche bestimmen Sie wieder neu, welche längeren und welche kürzeren Übungen Sie kombinieren wollen, usw.

Manche Menschen wählen auch nur eine Basisübung aus, die sie täglich mehrmals wiederholen. Legen Sie beispielsweise eine Atempause ein, wenn das Telefon klingelt oder machen Sie die Drei-Minuten-Atempause (siehe Seite 80–82), bevor Sie ein schwieriges Gespräch führen. Nur zu, jede Übung ist in jedem Moment wieder anders.

Eine 40-jährige Krankenschwester erzählt:
„Ich mag es nicht, wenn alles demselben Schema
folgt. Dieses strukturierte Üben ist nichts für mich.
Es stresst mich. Ich mache Folgendes: Ich sage mir
schlicht: Okay, Achtsamkeit, Achtsamkeit für mich
selbst, das ist in Ordnung. Dabei spüre ich meinen
Rücken, meine Arme, meine Beine, meinen Körper."

Nach fünfwöchigem Üben können Sie einmal Ihre
persönliche Bilanz ziehen. Wenn Sie innehalten können, Ihre Automatismen erkennen, sich auf wohlwollende Art und Weise auf Ihre Atmung konzentrieren können, so sind das Signale für eine gewachsene
Achtsamkeit. Gehen Sie für sich selbst der Frage nach,
was Ihnen das bringt. Vielleicht fällt Ihnen der Reich-
tum aller Sinneseindrücke auf oder Sie sind aufmerk-
samer für Details in Ihrer Umgebung. Fahren Sie
dann mit den Übungen fort, bis es schließlich eine
ganz natürliche Gewohnheit wird, kurz und bewusst
Pause zu machen.

Helfen Sie sich mit Gedächtnisstützen

Sie können sich selbst an die Übungen erinnern, indem Sie gelbe Haftnotizen an Stellen kleben, die Sie
regelmäßig vor Augen haben. Oder Sie programmie-

ren eine Willkommensbotschaft auf Ihrem
Handy, im Sinne von „Ich übe jetzt".
Oder Sie nutzen einen Erinnerungstext
für Ihren Bildschirmschoner, etwa in
der Art „Wo sind Sie, wenn Sie im Hier und
Jetzt sind?".

Natürlich können Sie auch einen digitalen
Termin für sich selbst in Ihrem Terminplaner oder
Ihrem Handy eintragen: Dann planen Sie eine Übung
aktiv ein.

Eine andere Möglichkeit ist, sich mit einem Kollegen,
einem Freund oder einer Freundin zu verabreden und
gemeinsam zu üben.

Wenn sich Ihr Arbeitsplatz an einem festen Ort befindet

Im Schnitt verbringt ein Arbeitnehmer ein Drittel
des Tages an seinem Arbeitsplatz. Das allein ist schon
Grund genug, dem Ambiente des Arbeitsplatzes einige Aufmerksamkeit zu widmen. Sie sparen sich Irrita-
tionen, wenn Sie mit dem Ort, an dem Sie arbeiten,
zufrieden sind, wenn der Platz aufgeräumt und angenehm ausgestattet ist. Planen Sie, wo und wann
Sie sich für die Übungen hinsetzen beziehungsweise
hinstellen können, ohne gestört zu werden.

Wenn sich Ihr Arbeitsplatz nicht an einem festen Ort befindet

Auch bei einer Arbeit mit flexiblem Einsatzort ist es wünschenswert, sich wie zu Hause fühlen zu können. Sie können einmal ausprobieren, Ihren Atem als Hilfsmittel zu verwenden. Auf drei Atemzüge könnten Sie sich den folgenden Satz des bekannten vietnamesischen Mönchs Thich Nhat Hanh durch den Kopf gehen lassen:

> „Ich atme ein und komme nach Hause,
> ich atme aus und komme zur Ruhe."

Probieren Sie auch eine Variante aus:

> „Ich atme ein und bin mir dessen bewusst,
> ich atme aus und weiß das."

Oder diese:

> „Ich atme ein und komme zur Ruhe,
> ich atme aus und entspanne mich."

Entscheiden Sie sich für die Variante, die Sie am meisten anspricht, und probieren Sie sie mehrere Male aus. Spüren Sie nach, was das mit Ihnen macht.

„Ich werde immer gestört"

Stellen Sie sich folgende Situation vor: Sie sind bei
einer Übung und ein Kollege kommt herein. Was
jetzt? Haben Sie Ihre Aufmerksamkeit gerade auf
Ihren Atem gerichtet, werden Sie merken, dass dies
jetzt unterbrochen wurde. Sie können nun mit der
Aufmerksamkeit mitgehen, denn diese richtet sich
gewöhnlich auf denjenigen, der hereingekommen ist
und etwas sagen möchte. Das ist kein Problem.

Aufmerksamkeit ist leicht und wendig wie ein
Schmetterling, der sich auf einem Objekt niederlässt.
Unsere Aufmerksamkeit kann
auch bewusst dorthin gehen,
wo wir einen Kollegen sehen
oder eine Stimme hören, und
dann wieder zu uns zurück-
kommen.

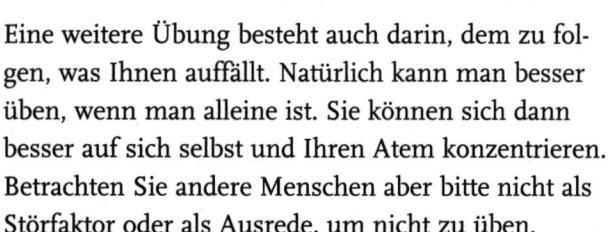

Eine weitere Übung besteht auch darin, dem zu folgen, was Ihnen auffällt. Natürlich kann man besser
üben, wenn man alleine ist. Sie können sich dann
besser auf sich selbst und Ihren Atem konzentrieren.
Betrachten Sie andere Menschen aber bitte nicht als
Störfaktor oder als Ausrede, um nicht zu üben.

„Ich würde gern üben, habe aber oft keine Lust dazu"

Etwas, wozu man keine Lust hat, tut man gewöhnlich
auch nicht. Beim Achtsamkeitstraining können Sie
dieses Keine-Lust-Haben ebenso als Objekt Ihrer
Aufmerksamkeit erkunden. Sie erforschen dieses Ge-
fühl dann direkt in der Situation. Schauen Sie es sich
geduldig an. Vielleicht verspüren Sie Widerstand in
Form von körperlicher Unruhe oder Verkrampfung.
Vielleicht wird Ihnen auch bewusst, dass Sie keine
Lust dazu haben, etwas zu müssen, auch wenn es
Ihre Idee war, es zu tun.

Bringen Sie diesem Widerstand Aufmerksamkeit
entgegen, lenken Sie Ihren Atem dorthin. Und wieder
weg.

Überprüfen Sie, wie viel Energie das Nichtwollen
kostet. Es ist eine alte Gewohnheit, dass wir nur dann
etwas tun, wenn wir es wollen oder müssen. Willenskraft kostet oft viel Energie. Sie können auch einmal
überprüfen, wie das für Sie ist, wenn Sie trotzdem
üben, obwohl Sie keine besonders große Lust dazu
haben. Beobachten Sie, was das in Ihnen auslöst.

Weisheit ist möglicherweise die beste Richtschnur,
um die richtige Balance zwischen Keine-Lust-Haben
und dem Druck des Müssens zu finden.

Schematische Übersicht

Im Folgenden finden Sie eine Übersicht der einzelnen Übungen mit Angabe des idealen Übungszeitpunkts und der idealen Übungsdauer. Stellen Sie sich Ihr persönliches Übungsprogramm selbst zusammen.

Wählen Sie eine lange und zwei kurze Übungen für einen Tag aus. Bleiben Sie eine Woche bei dieser Auswahl und probieren Sie dann eine andere Kombination von Übungen aus.

Achtsamkeitsübung	Seite	am Morgen	am Mittag	am Nachmittag	Dauer und Zeitpunkt
Armbanduhr-Meditation	20				1 Minute
Aufstehen	56–58	3 Minuten			
bewusst unterwegs	58–60	5 Minuten auf dem Weg zur Arbeit			

Achtsam-keitsübung	Seite	am Morgen	am Mittag	am Nach-mittag	Dauer und Zeitpunkt
am Arbeits-platz ankom-men	61–62	3 Minuten			
Kaffee trinken	63–64	3 Minuten			
zur Toilette gehen	64–65				4 Minuten
E-Mail-Pause	66–68				1 Minute
Türpause	68–70				1 Minute
achtsam essen	72–73		2 Minuten		
Telefonpause	74–75		3 Mal Ihr Klin-gelton		
wahrnehmen, vor dem Fen-ster stehen	75–78		5 Minuten		
Rückblick	79–80			2 Minuten	

Achtsam-keitsübung	Seite	am Morgen	am Mittag	am Nach-mittag	Dauer und Zeitpunkt
Drei-Minuten-Atempause	80–82				3 Minuten, 3 Mal täglich zu einem festen Zeitpunkt oder vor einer herausfordernden Aufgabe
Rückweg	82–83			3 Minuten	
nach Hause kommen	83			2 Minuten	
Sitz-meditation	84–87			15 Minuten	
Bodyscan	88–97			20 Minuten	
im Kontakt mit einem anderen Menschen	102–104				1 Minute während der Begegnung
Atempause bei Ärger und Zorn	108–109				30 Sekunden

Achtsam-keitsübung	Seite	am Morgen	am Mittag	am Nach-mittag	Dauer und Zeitpunkt
Umgang mit Irritation	109–112				8 Minuten
Umgang mit Unsicherheit	116–118				9 Minuten
Umgang mit Stress durch Termindruck	119–120				30 Sekunden

Übungen am Morgen:
zu Hause, unterwegs und bei der Arbeit

Aufstehen (3 Minuten)

Vielleicht ist Ihnen folgende Situation auch vertraut:
„Der Wecker klingelt, doch
ich finde ihn nicht. Welch
ein grässlicher Lärm ist das, wo ist das Ding denn?
Aha, unter dem Bett. Und aus. Los, aufstehen, ich bin
sowieso schon zu spät dran. Das Frühstück lasse ich
besser sausen. Ach ja, heute Abend kommt Besuch,
ich muss mir noch überlegen, was ich kochen werde.
Schnell, raus jetzt, sonst verpasse ich noch den Bus."

● ● ● ● ●

Ruhig und ohne Eile aufstehen sorgt dafür, dass die
Stresshormone nicht schon am Morgen aktiviert
werden. Nehmen Sie sich deshalb vor, bewusst auf-
zustehen.

- Verweilen Sie, sobald Sie wach werden, einmal bei der Bewegung des Atems. Welcher Atemzug fällt Ihnen als Erstes auf, ein Einatmen oder ein Ausatmen?

- Atmen Sie dreimal etwas tiefer ein und aus als sonst.

- Steigen Sie aus dem Bett, strecken Sie sich und gähnen Sie.

- Sie können Ihr Gesicht kräftig wachreiben und sich an den Ohren ziehen, das erfrischt.

- Wenn Sie duschen, richten Sie die Aufmerksamkeit auf das Empfinden des Wassers auf Ihrer Haut. Wo spüren Sie die Wassertropfen? Hören Sie das Geräusch, spüren Sie die Wärme oder die Kälte, das raue Handtuch?

- Stellen Sie fest, dass der Tag begonnen hat, nehmen Sie zur Kenntnis, wie es Ihnen jetzt geht.

Eine 38-jährige Lehrerin an einer weiterführenden Schule erzählt:
„In der Schule hetze ich von einer Stunde zur nächsten. Davon werde ich total müde. Ich würde gerne weniger arbeiten, aber das geht momentan nicht. Aber seit ich übe, morgens nicht mehr zu

hetzen und langsamer zu starten, verläuft der Tag weniger chaotisch. Ich verweile dann nämlich auch ein paar Augenblicke zwischen den Stunden. Und ich spüre meinen Atem. Das funktioniert gut, ich muss nur daran denken."

Bewusst unterwegs (5 Minuten des Arbeitswegs)

Auf dem Fahrrad, im Zug oder im Bus

Auch diese Situation ist sicher vielen von uns vertraut:
„Mist, zu spät von zu Hause weggegangen, was für ein Verkehr. So komme ich wohl zu spät zur Sitzung, und das wird nicht gut ankommen. Ich rufe gleich mal an, auch wenn ich noch auf dem Fahrrad sitze. Was soll das denn? Vor dieser Ampel bremse ich doch nie. Welcher Idiot bleibt denn hier stehen ... weiterfahren, bitte!"

● ● ● ● ●

Wenn Sie auf dem Weg zur Arbeit sind, ist dies eine ausgezeichnete Gelegenheit, Ihre Achtsamkeit zu trainieren. Egal, ob Sie auf dem Fahrrad, im Bus oder im Zug sitzen: Sie können immer beschließen, in den ersten fünf Minuten der Fahrt voller Aufmerksamkeit zu sein.

- Spüren Sie Ihre Körperhaltung: Spüren Sie, dass Sie sitzen. Nehmen Sie den Kontakt des Körpers mit der Sitzfläche wahr, Ihre Beine und Füße.

- Setzen Sie sich sorgfältig hin: stabil und im Gleich-gewicht

- Spüren Sie Ihre Hände: Klammern Sie sich am Lenk-rad fest, an Ihrer Tasche? Welche Temperatur haben Ihre Hände?

- Wie fühlen sich Ihre Schultern an? Der Magen? Wo ist die Atembewegung?

- Achten Sie darauf, was Sie um sich herum wahrneh-men. Welche Geräusche hören Sie und was sehen Sie?

- Lenken Sie Ihre Aufmerksamkeit auf das Unterwegs-sein. Überprüfen Sie, ob Sie im Hier und Jetzt oder in Gedanken bereits bei der Arbeit sind.

Eine 31-jährige Frau, die im Kundendienst arbeitet, erzählt:

„Ich fahre immer blitzschnell mit dem Fahrrad von zu Hause zum Bahnhof. Es ist ein Riesenunterschied, ob ich das, wie im Normalfall, gehetzt mache oder ob ich mir sage: Ich bin aufmerksam für den Druck der Füße auf den Pedalen, spüre die Hände am Lenker und achte darauf, was ich um mich herum sehe.

Ich radle noch immer sehr schnell, entdecke jetzt aber viel mehr. Ich komme zwei Minuten später an, fühle mich aber, als hätte ich gerade einen halbstündigen Ausflug hinter mir."

Bewusst unterwegs im Auto
(5 Minuten des Arbeitswegs)

Wenn Sie mit dem Auto unterwegs sind und selbst am Steuer sitzen, dann sind Sie eigentlich schon ziemlich aufmerksam. Das ist auch notwendig, um schnell auf die Umgebung reagieren zu können.

- Ohne die Konzentration auf den Straßenverkehr zu verlieren, können Sie sich gleichzeitig auch Ihrer Körperhaltung, der Hände am Steuer, Ihrer Schultern

Achtsamkeitstraining vor, während und nach der Arbeit

und des Kontakts mit dem Sitz und der Rückenlehne bewusst werden.

- Sie können sich überlegen, ob das Gaspedal Ihr bester Freund sein soll oder ob Sie sich mit der rechten Fahrspur begnügen können.

- Wenn Sie im Stau oder vor einer Ampel stehen, ist es interessant, einmal zu spüren, ob Sie selbst auch „stehen bleiben" können. Atmen Sie dazu etwas tiefer ein und aus, betrachten Sie aufmerksam Ihre Umgebung und finden Sie heraus, womit Sie sich gedanklich gerade beschäftigen.

Am Arbeitsplatz ankommen (3 Minuten)

- Machen Sie sich bewusst, dass Sie am Firmengelände angekommen sind.

- Gehen Sie aufmerksam zu Ihrem Arbeitsplatz.
  Dies können Sie mit kräftigen Schritten tun.

- Spüren Sie die Bewegung Ihrer Füße: links und rechts.

- Vielleicht hören Sie Ihre Schritte sogar.

- Sie gehen, Sie können den Kontakt mit der Straße spüren.

- Sehen Sie sich Ihre Umgebung an.

- Spüren Sie die frische Luft auf Ihrem Gesicht.

- Nehmen Sie den Unterschied wahr, wenn Sie das Gebäude betreten.

Wenn Sie an Ihrem Arbeitsplatz angekommen sind, beenden Sie die Übung mit einem etwas tieferen Atemzug:

> Ich atme ein und bin mir dessen bewusst,
> ich atme aus und weiß das.

Sie sind angekommen, der Arbeitstag kann beginnen.

Ein 41-jähriger Mann, als ICT-Manager tätig, erzählt:
„Wenn ich das Auto geparkt habe, schalte ich den Motor ab. Dann bleibe ich noch einen Augenblick sitzen und starre einfach so vor mich hin. Ich atme einmal ein und aus und bereite mich innerlich auf den Tag vor. Seit allerdings ein Kollege einmal an die Fensterscheibe geklopft hat, um zu fragen, ob alles in Ordnung sei, mache ich es anders. Ich nehme meinen Organizer in die Hand und lese meine Willkommensnachricht: ‚Dieser Atem ist jetzt.'"

Kaffee trinken in der Pause (3 Minuten)

Eine bewusste Kaffeepause ist eine ausgezeichnete Gelegenheit für eine Achtsamkeitsübung. Bestimmen Sie den Zeitpunkt für Ihre erste Kaffeepause und halten Sie sich an diesen Termin. Werden Sie sich auch schon vorher klar darüber, ob Sie allein oder mit einer Kollegin beziehungsweise einem Kollegen Kaffee trinken wollen. Falls Sie ein Gespräch anknüpfen, können Sie auch bewusst entscheiden, ob Sie über Ihre Arbeit oder über etwas völlig anderes reden möchten.

* Gehen Sie aufmerksam zum Kaffeeautomaten:
  Sie sind sich bewusst, dass Sie gehen.

* Halten Sie vor dem Kaffeeautomaten inne.
  Atmen Sie ein und aus.

* Wenn Ihnen jemand begegnet: Bleiben Sie stehen,
  spüren Sie das Stehen bewusst und nehmen Sie
  Kontakt mit der Person auf.

* Nehmen Sie den Kaffee aus dem Automaten:
  Spüren Sie das Gewicht, die Wärme, nehmen Sie den
  Geruch wahr, die Farbe, die Bewegung.

- Gehen Sie aufmerksam dorthin, wo Sie den Kaffee trinken wollen.

- Nehmen Sie aufmerksam den ersten Schluck: Sie spüren, riechen, schmecken und schlucken.

- Seien Sie sich der Tatsache bewusst, dass Sie jetzt eine Kaffeepause haben.

Den Gang zur Toilette als Achtsamkeitsübung nutzen (4 Minuten)

Manche Menschen sind so in ihre Arbeit vertieft, dass sie ganz vergessen, etwas zu trinken und zur Toilette zu gehen. Au weia, den ganzen Tag nicht auf der Toilette gewesen, denkt man sich dann auf dem Nachhauseweg, wenn man mit voller Blase im Auto sitzt. Das ist nicht gut für die Blase. Außerdem ist es schade, weil Sie einen kurzen Stopp verpasst haben. Bei der Toilettenpause geht es darum, bei allen Handlungen aufmerksam zu sein.

- Gehen Sie ganz bewusst zur Toilette.

- Nehmen Sie das Öffnen und Schließen der Tür wahr.

- Nehmen Sie wahr, dass Sie alleine sind.

- Führen Sie alle Handlungen aufmerksam aus, vielleicht sogar etwas langsamer.

- Nehmen Sie die Stille oder die Geräusche bewusst wahr.

- Öffnen Sie die Tür aufmerksam und schließen Sie sie aufmerksam hinter sich.

- Spüren Sie beim Händewaschen bewusst das Wasser, das über Ihre Hände fließt.

- Enstpannen Sie sich beim Fließen des Wassers.

Eine 40-jährige Managerin einer Arbeitsvermittlungsstelle erzählt:
„Die Toilette ist der einzige Raum, in dem ich ab und zu allein sein kann. Ich benutze diesen Moment ganz bewusst als Zeit, in der niemand meine Aufmerksamkeit beanspruchen kann.
Die Leute bequatschen mich ja sonst den ganzen Tag. Ich übe die Drei-Minuten-Atempause auf der Toilette."

E-Mail-Pause (1 Minute)

Für viele Menschen sind E-Mails eine wichtige Verpflichtung. Eine Verpflichtung, der Sie sofort nachkommen wollen. Eine neue E-Mail löst deshalb gern eine direkte Reaktion aus. Man will eben gerne informiert bleiben. Oder man freut sich auf eine Einladung oder ist aufgebracht, sobald man nur den Absender einer Mail sieht. E-Mailen macht irgendwie auch süchtig: Genau in den Momenten, in denen wir es am wenigsten erwarten, werden wir mit einer tollen Nachricht belohnt. Vielleicht suchen Sie genau diese Art von Pause. Man kann den ganzen Tag dafür verwenden, Mails zu schreiben und auf Mails zu antworten, Mails zu sortieren, zu löschen und zu archivieren. Sie haben ein Adressbuch, einen Zeitplaner, eine Liste mit Aufgaben und so weiter ...

Wenn Sie einen Moment der Achtsamkeit in die E-Mail-Lawine einbauen wollen, ist es vermutlich hilfreich, wenn Sie eine andere Perspektive wählen. Sie können sich gewissermaßen „hinter den Wasserfall stellen". Das heißt: Sie schauen sich Ihren E-Mail-Verkehr an, ohne sich von den Forderungen, Aufträgen und all den Verpflichtungen des Tages überfluten zu lassen. Das heißt also vor allem, dass Sie die eingehende Lawine in aller Ruhe wahrnehmen. Und einmal etwas tiefer ein- und ausatmen. Vielleicht erkennen Sie jetzt Ihre automatischen Reaktionen und können ruhig aussuchen, welche Mails Sie sofort öffnen möchten und welche erst später.

Machen Sie sich die große Zahl von Möglichkeiten, Gedanken und Teilhandlungen bewusst, die die E-Mail-Korrespondenz mit sich bringt. Nehmen Sie sich vor, sich für die Beantwortung einer E-Mail genügend Zeit zu nehmen. Überlegen Sie zuerst, wie Sie antworten möchten. Statt eine E-Mail zu schreiben, können Sie auch anrufen, oder – bei einer internen E-Mail – den Absender persönlich aufsuchen. Dadurch lassen sich oft Missverständnisse und Konflikte vermeiden. Wollen Sie dennoch eine Mail schicken, formulieren Sie Ihre Antwort aufmerksam. Dies braucht schließlich seine Zeit.

Der E-Mail-Verkehr bietet Ihnen viele Gelegenheiten, um mit Ihrem Atem in Kontakt zu bleiben. Bestimmen Sie selbst, welcher Moment für Sie am geeignetsten ist. Wenn Sie die E-Mails abrufen? Bevor Sie auf Versenden klicken?

Eine Basisübung könnte beispielsweise so aussehen:

Dreimal ein- und ausatmen mit dem folgenden Satz:

> „Ich atme ein und komme zur Ruhe,
> ich atme aus und entspanne mich."

> *Eine 55-jährige Dozentin eines Ausbildungs-*
> *zentrums erzählt:*
> *„Ich habe gemerkt, dass ich unangenehme E-Mails*
> *endlos vor mir herschieben kann. Allerdings denke*
> *ich dann oft daran und das kostet Energie. Wenn*
> *ich die Mail dann endlich schreibe, mache ich*
> *immer wieder die Erfahrung, dass es gar nicht so*
> *schlimm war."*

Die Türpause: während der Arbeit und beim Nachhausekommen (1 Minute)

Eine Tür zu öffnen dauert, wenn man es in normalem Tempo macht, keine fünf Sekunden. Dabei entgeht Ihnen aber vieles. Öffnen und schließen Sie eine Tür einmal, wenn Sie alleine sind, mit bewusster Aufmerksamkeit. Probieren Sie es einfach.

Sie können jede Tür, durch die Sie im Laufe eines Tages treten, als Gedächtnisstütze nutzen, indem Sie sich von ihr daran erinnern lassen, mit sich selbst in Kontakt zu treten, einen Moment innezuhalten und aufmerksam zu sein. Gewöhnen Sie sich auch einen frischen Blick an: So können Sie sich jedes Mal davon überraschen lassen, was hinter der Tür ist.

Und wenn Sie durch einen langen Gang gehen, lenken Sie Ihre Aufmerksamkeit auf das Gehen. Sie gehen irgendwohin: in eine andere Abteilung, zu einer Sitzung, ins Warenlager.

Sie sehen die Tür und gehen etwas langsamer.

- Halten Sie vor der Tür inne: Spüren Sie bewusst, dass Sie mit Ihren Füßen auf dem Boden stehen und den Kopf aufgerichtet haben.

- Heben Sie dann Ihre Hand an.

- Sie berühren den Türgriff: Spüren Sie die Finger am Griff.

- Ist es ein kalter, ein warmer, ein verklebter, ein runder, ein harter Türgriff?

- Die Hand drückt nach unten.

- Und die Hand lässt wieder los.

- Sie drücken oder ziehen die Tür auf: Tun Sie dies mit Ihrem Fuß, Ihrem Gewicht oder Ihrem Arm?

- Nehmen Sie bewusst wahr, dass Sie einen anderen Raum betreten.

- Sie schließen die Tür: Spüren Sie Ihre Hand am Türgriff? Hören Sie die Tür einschnappen?

- Lassen Sie sich von dem Raum hinter der Tür überraschen.

Ein 43-jähriger Pastor erzählt:
„Ich bin so chaotisch. Im Eingangsbereich meiner Wohnung gibt es einen Schlüsselhaken, aber ich vergesse immer, die Schlüssel dort hinzuhängen, und weiß nie, wo sie sind. Jetzt übe ich beim Nachhausekommen ganz bewusst, mich aufmerksam der Tür zu nähern, sie zu öffnen und zu schließen. Dann nehme ich auch den Haken eher wahr."

Übungen am Mittag:
bei der Arbeit oder zu Hause

Bewusst essen und trinken

> *Eine 33-jährige Buchhalterin erzählt:*
> *„Für mich ist es eine gute Gedächtnishilfe, lang-*
> *samer zu essen. Wenn ich beim Essen wirklich*
> *bewusst bei der Sache bin, denke ich nicht gleich*
> *wieder nach vorne, sondern lasse die Zukunft*
> *einmal außer acht."*

Appetit auf Naschereien

Leckere Snacks wie Wurstbrötchen, Bier, Eis oder
Cola sind uns sowohl in unserem Alltag wie auch in
den Medien permanent präsent. Allein über leckeres
Essen zu lesen kann großen Appetit hervorrufen.
Genauso wie sommerliche Fotos von fröhlichen Menschen mit einem Glas Weißwein in der Hand. Solche
Fotos zu betrachten ist einfach. Viel schwieriger ist
es hingegen, das eigene Verlangen anzuschauen und
es bei sich selbst wahrzunehmen, ohne sofort darauf
zu reagieren. Probieren Sie es.

Achten Sie einmal darauf, wie lange ein „Moment des Appetits auf eine Näscherei" eigentlich andauert. Und wie Ihre Reaktion auf diesen Appetit aussieht.

Gemütlich zu Mittag essen

Andere Menschen wiederum haben gar keinen Sinn fürs Essen, oder sie denken zu spät daran. Bei der Arbeit ist die Mittagspause oftmals ein schöner Moment, an dem man sich auch einmal mit Kollegen unterhalten kann. Wenn Sie dazu neigen, die Mittagspause ausfallen zu lassen, weil Sie zu sehr in die Arbeit vertieft sind, könnten Sie Ihren Kollegen sagen, dass Sie sich über ein Zeichen freuen und gerne gemeinsam zu Mittag essen oder spazieren gehen würden. Nehmen Sie sich die Zeit dafür. Geben Sie sich selbst die Erlaubnis, sich auszuruhen.

Achtsam essen (2 Minuten)

Entscheiden Sie sich dafür, bei der Arbeit möglichst ein- oder zweimal aufmerksam und langsam zu essen. Vielleicht auch in völliger Ruhe. Wählen Sie einen Moment, an dem Sie allein und ungestört sitzen können.

Essen Sie Ihr Wurstbrot dann einmal mit ganzer Aufmerksamkeit.

Nehmen Sie Ihre Bewegungen bewusst wahr, den Geschmack, den Duft und das Kauen und Schlucken.

Beim Essen sind viele Sinne beteiligt. Zu Hause können Sie üben, den ersten Bissen Ihrer warmen Mahlzeit ganz bewusst zu sich zu nehmen. Zum Beispiel, indem Sie die Gabel etwas langsamer zum Mund führen.

Ein 53-jähriger, in der Lagerverwaltung tätiger Mann erzählt:
„Mein Stress steht im Zusammenhang mit Essen: Ich arbeite den ganzen Tag durch und komme gar nicht auf die Idee, zu essen. Wenn ich dann daran denke, hat die Kantine längst geschlossen. So kommt es, dass ich zwischendurch Süßigkeiten zu mir nehme; und bevor ich mich's versehe, habe ich wieder ein Kilo zugenommen. Seit Kurzem versuche ich, bei der Arbeit mit einem Kollegen zu Mittag zu essen und direkt nach der Arbeit eine Sitzmeditation zu machen.

Telefonpause (20 Sekunden)

Vielen von uns ist sicher auch folgende Situation vertraut:

„Das Telefon klingelt und ich beeile mich, den Hörer abzuheben. Ich bin gerade am Telefon, als auch mein Handy klingelt. ‚Kann ich kurz unterbrechen, ich erwarte einen wichtigen Anruf', sage ich zu meinem Gesprächspartner."

● ● ● ● ●

Vom Telefon geht eine zwingende Wirkung aus, die manchmal sogar so stark ist, dass man in manchen Geschäften schneller bedient wird, wenn man dort anruft, als wenn man persönlich hingeht. Dennoch kann man lernen, weniger sklavisch und gehetzt auf jeden Anruf zu reagieren.

Dies ist eine einfache Übung, die trotzdem nicht leicht ist:

- Jedes Mal, wenn Sie das Telefon klingeln hören, halten Sie inne.

- Sie atmen ein und aus und antworten dem Anrufer erst, wenn das Telefon dreimal geklingelt hat.

Das Telefon ist damit kein Störfaktor, der Ihre Neugierde weckt und Ihren Wunsch nach Ablenkung befriedigt – nein, es ist ein natürlicher Moment des Innehaltens. Sollten Sie sich fragen, ob diese Telefonübung überhaupt irgendeinen Sinn hat, können Sie dem Anrufer einmal die Frage stellen: „Hast du etwas an mir bemerkt?" Vielleicht überrascht Sie seine Antwort.

Wahrnehmen: vor dem Fenster stehen (5 Minuten)

Innehalten und wahrnehmen, was gerade ist, können Sie auf verschiedene Arten lernen. In der folgenden Übung stellen Sie sich dazu vor ein Fenster und schauen nach draußen.

- Schauen Sie sehr aufmerksam aus dem Fenster. Vielleicht geht der Blick auf eine Straße, vielleicht sehen Sie auf der gegenüberliegenden Seite ein Dach oder einen Baum.

- Lassen Sie Ihren Blick auf dem ruhen, was zu sehen ist. Dies können auch Details sein. Möglicherweise liegt dort eine Plastiktüte. Oder Sie sehen Gras oder eine Pfütze. Sie schauen.

- Und Sie schauen wieder. Sie können Ihren Blick, wie mit einem Fernglas, scharf stellen. Achten Sie einmal auf die Formen und Farben.

- Versuchen Sie, die Details wahrzunehmen. Möglicherweise fällt Ihnen irgendwo eine Bewegung auf.

- Nehmen Sie dann auch Ihre Atembewegung wahr. Sie atmen ein und aus. Und wieder ein, wieder aus, im Stehen, beim Schauen.

Dann sehen Sie auf einmal etwas, das Sie nicht zuordnen können. Etwas Graues, Unbestimmtes. Sie überlegen, was das sein könnte. Ein Tier, ein toter Vogel? Ist das nicht unhygienisch? Warum wurde das nicht entfernt? Da würden Sie doch gerne einmal einen Besen zur Hand nehmen. Und den Bürgersteig vor Ihrer Wohnung müssen Sie auch dringend einmal sauber machen ...

So funktioniert das manchmal mit dem Wahrnehmen. Auf einmal bemerken Sie, dass da Gedanken und Assoziationen sind. Sie können Ihre Aufmerksamkeit gerne bei diesen Gedanken ruhen lassen und sie einfach wahrnehmen. Nehmen Sie dann auch wahr, dass Sie in Gedanken schon wieder bei der Arbeit sind, dieses Mal beim Saubermachen.

- Vielleicht können Sie die aktuellen Gedanken buchstäblich in Ihrem Körper spüren: hinter der Stirn oder an einer Stelle im Nacken.

- Bleiben Sie in der Beobachtung. Sie nehmen Ihre Gedanken wahr. Die Gedanken sind nur Gedanken.

- Sie nehmen wahr, wie es Ihrem Körper geht.

- Sie schauen noch einmal aus dem Fenster und nehmen wahr, was ist – nicht, was Sie denken, dass ist. Sie schauen und schauen.

So üben Sie die Unterscheidung zwischen wahrnehmen und interpretieren.

Eine 50-jährige Sekretärin erzählt:

„Es fällt mir schwer, gut für mich selbst zu sorgen.
Ich habe gerade eine schwere Depression hinter mir
und es ist mir ein Bedürfnis, bei der Arbeit ab und
zu wieder zu mir selbst zu kommen. Das mache
ich mit der Übung ‚Vor dem Fenster stehen‘.
Ich schaue aus dem Fenster, versuche an nichts
zu denken, richte meine Aufmerksamkeit auf das,
was ich sehe, und atme einmal tief durch. Es ist
jedes Mal anders. Ich mache die Übung jeden Tag,
manchmal machen auch meine Kollegen mit.

Übungen zum Tagesende

Rückblick am Ende des Tages (2 Minuten)

Nehmen Sie sich am Ende eines Arbeitstages einen Moment Zeit und und blicken Sie zurück auf den Tag.

- Finden Sie heraus, welche angenehmen und unangenehmen Erfahrungen Sie gemacht haben.

- Sie können auch ein wenig bei dem verweilen, was Sie morgen alles tun wollen.

- Erkunden Sie, was Sie körperlich empfinden.

- Spüren Sie einmal Ihrer Stimmung nach. Nehmen Sie alles an, was Sie wahrnehmen.

- Strecken Sie sich dann aus, schütteln Sie Arme und Beine aus und lassen Sie – während Sie tief ausatmen – den Arbeitstag hinter sich: Sie haben für heute genug getan.

Eine 40-jährige Mitarbeiterin einer Lohnbuch-
haltung erzählt:
„Am Ende eines Arbeitstages schalte ich meinen
Computer aus und bleibe noch einen Moment
sitzen. Dann mache ich eine Liste der Dinge,
die am folgenden Tag zu tun sind; diese liegt am
nächsten Morgen bereit."

Die Drei-Minuten-Atempause[2]

Die Drei-Minuten-Atempause ist eine Übung, die Sie
zu verschiedenen Tageszeiten machen können und
die Ihnen dabei hilft, zu sich selbst zu kommen –
zum Beispiel in der Mittagspause, auf der Toilette,
vor dem Fenster, im Ruheraum. Sie können sie auch
dreimal täglich zu festen Zeiten oder auch zur Vor-
bereitung auf eine herausfordernde Aufgabe, eine
Sitzung oder ein schwieriges Gespräch machen.

Die Übung besteht aus drei Abschnitten:

1. Minute: bewusst sein, achtsam sein – jetzt

Geben Sie sich selbst die Gelegenheit, diesen Moment hier und jetzt zu empfinden. Sie sitzen oder stehen und stellen sich die folgende Frage:

Was erfahre ich in diesem Moment:
>   ... an Gedanken?
>   ... an Gefühlen?
>   ... im Körper?

Betrachten Sie gelassen und neugierig alle Erfahrungen, die sich einstellen. Sie müssen daran nichts ändern.

2. Minute: zu sich selbst kommen

Begleiten Sie Ihre Aufmerksamkeit zur Atembewegung. Spüren Sie, wo sich der Atem am stärksten bemerkbar macht: im Bauch, in der Brust, im Rücken? Spüren Sie jedes Einatmen und jedes Ausatmen so, wie sie aufeinander folgen. Die Atmung kann Ihnen dabei helfen, sich auf diesen Moment des Zu-sich-selbst-Kommens einzustimmen.

3. Minute: Ausdehnen

Lenken Sie Ihre Aufmerksamkeit in der letzten Minute auf Ihren Körper. Auf die rein physische Wahrnehmung. Dehnen Sie die Atmung aus, so dass Sie Ihren Körper als

Ganzes spüren. Sie sind sich bewusst: „Ja, hier bin ich."
Und nun entscheiden Sie sich, weiterzumachen mit dem,
was jetzt für Sie wichtig ist.

Der Rückweg (3 Minuten)

Wenn Sie Ihren Arbeitsplatz verlassen und nach
draußen treten, können Sie den Unterschied zwischen
drinnen und draußen spüren. Nehmen Sie alle Empfindungen, die mit dem Draußensein zu tun haben,
wahr. Wie auf dem Hinweg, können Sie Ihre Achtsamkeit auch auf dem Rückweg trainieren. Achten Sie
während der ersten drei Minuten des Nachhausewegs
ganz besonders auf Ihre Körperhaltung, das Sitzen
oder Stehen:

- Spüren Sie den Kontakt mit der Sitzfläche, Ihre Beine
  und Füße.

- Setzen Sie sich sorgfältig hin: stabil, im Gleichgewicht.

- Spüren Sie Ihre Hände: Umklammern Sie das Lenk-
  rad oder Ihre Tasche? Welche Temperatur haben Ihre
  Hände?

- Wie steht es mit den Schultern, dem Magen, wie verläuft die Atembewegung?

- Lenken Sie Ihre Aufmerksamkeit auf das Unterwegs-
  sein. Überprüfen Sie, ob Sie im Hier und Jetzt oder in
  Gedanken noch bei der Arbeit sind.

Nach Hause kommen (2 Minuten)

Vollziehen Sie den (Orts)Wechsel von der Arbeit nach
Hause bewusst: Gehen Sie aufmerksam zur Woh-
nungstür. Beispielsweise mit Hilfe der Türübung.
Sie können auch den folgenden Satz einige Male mit
der Atmung mitschwingen lassen:

> „Ich atme ein und komme nach Hause,
> ich atme aus und komme zur Ruhe."

Zu Hause

Einmal zu Hause angekommen, empfinden Sie es vielleicht als angenehm, sich umzuziehen und somit wirklich einen Punkt hinter den Arbeitstag zu setzen. Nehmen Sie sich einen Moment Zeit, um Ihre Mitbewohner und Ihre Haustiere zu begrüßen.

Wählen Sie einen Moment, in dem Sie sich zurückziehen können, um die etwas längere Übung im Liegen oder Sitzen zu machen. Hinterher können Sie den Abend in vollen Zügen genießen.

Die Sitzmeditation (15 Minuten)

Mit dieser Übung können Sie erkunden, was in Ihrem Körper und Ihrem Geist vor sich geht. Zugleich üben Sie auf diese Weise, mit sich selbst freundlich und geduldig umzugehen. Der Kern der Sitzmeditation besteht darin, der Atembewegung zu folgen. Praktiziert werden kann sie immer dann, wenn Sie eine Viertelstunde Zeit für sich haben, entweder morgens vor der Arbeit oder abends. Wählen Sie einen Moment, in dem Sie allein und ungestört sein können.

Machen Sie sich frei von den bevorstehenden oder vergangenen Aktivitäten des Tages. Sie müssen nichts tun. Gestehen Sie sich von ganzem Herzen zu, hier zu sein.

- Wählen Sie einen angenehmen Stuhl oder Hocker ohne Lehne, auf dem Sie entspannt aber aufrecht sitzen können. Sorgen Sie dafür, dass Ihre Füße stabil auf dem Boden stehen. Stellen Sie sich vor, wie der Hinterkopf sich zur Decke hin streckt, und bewegen Sie das Kinn etwas in Richtung Brustbein. Lassen Sie die Augen halb geöffnet oder schließen Sie sie.

- Die Hände ruhen auf den Beinen oder im Schoß.

- Nehmen Sie wahr, wie Sie hier sitzen, hier in diesem Raum. Spüren Sie die Kontaktpunkte des Körpers zum Boden, zum Stuhl oder zum Kissen. Atmen Sie einmal tief ein und aus.

- Vielleicht sind Sie müde, angespannt oder unruhig. Wie auch immer Sie sich fühlen: Nehmen Sie es an. Es ist gut, so wie es ist. Sie müssen nichts daran verändern. So wie Sie sind, ist es gut. Sie üben sich gerade darin, achtsam zu sein; und beim Üben kann man gar nichts falsch machen.

- Spüren Sie zunächst der Bewegung Ihres Atems im Körper nach. Dabei geht es nicht darum, an der Atmung etwas zu ändern. Führen Sie Ihre Aufmerksamkeit zu dem Körperteil, in dem Sie den Atem spüren.

- Sie können Ihre Hand auf diese Stelle legen: zum Beispiel auf die Brust oder den Bauch. Spüren Sie nun die Bewegung, den Kontakt des Atems mit dem Körper, und nehmen Sie die sich verändernde Empfindung bewusst wahr. Die Atembewegung fühlt sich immer wieder ein wenig anders an. Lenken oder verändern Sie sie nicht.

- Nehmen Sie die Hand dann wieder weg und spüren Sie beim Einatmen und dem darauffolgenden Ausatmen weiter ganz bewusst Ihre sich leicht wölbende Brust oder Bauchdecke.

- Versuchen Sie, Ihr sich immer wieder veränderndes körperliches Empfinden während einer ganzen Atembewegung, d. h. während eines Ein- und Ausatmens, aufmerksam zu beobachten. Beim Einatmen hebt sich der Bauch oder die Brust, beim Ausatmen geht die Bewegung zurück. Vielleicht bemerken Sie auch die kleine Pause zwischen Einatmen, Ausatmen und erneutem Einatmen.

- Nehmen Sie die Bewegung wahr, so wie sie sich zeigt, auch wenn Sie sie vielleicht unangenehm finden. Ihre

Erfahrung muss nicht anders sein, als sie in diesem Moment ist.

- Geben Sie sich nicht zuviel Mühe, folgen Sie Ihrem Atem, schauen Sie von innen heraus auf das Auf und Ab der Bewegung.

- Sollten Sie abgelenkt werden, so denken Sie immer wieder an Ihr Ziel, bewusst im Hier und Jetzt zu sein, und kehren Sie sanft, aber entschlossen mit der Aufmerksamkeit zu Ihrem Atem zurück.

- Lassen Sie sich von ablenkenden Gedanken nicht stören. Machen Sie sich bewusst, dass diese Gedanken da sind, führen Sie Ihre Aufmerksamkeit wohlwollend zur Atmung zurück und konzentrieren Sie sich auf sie.

- Sie konzentrieren sich auf die Atmung, bleiben aber im Bewusstsein offen. Sie können Geräusche hören, sind offen für Gefühle oder Gedanken. Halten Sie diese nicht fest, erfinden Sie keine Geschichte um sie herum. Weisen Sie diese Empfindungen und Gedanken aber auch nicht ab, sondern lassen Sie sie sanft kommen und gehen.

- Dann konzentrieren Sie sich wieder auf das Auf und Ab der Bewegung von Brust und Bauch.

- Beenden Sie nun die Übung.

Übung im Liegen: Der Bodyscan (20 Minuten)

Der Bodyscan ist so etwas wie eine geführte Reise durch den Körper, die es Ihnen ermöglicht, mit Körper und Geist in Kontakt zu kommen: Mit Achtsamkeit „scannen" Sie Ihren Körper und nehmen dabei immer wieder neue Empfindungen wahr. Machen Sie diese Übung an einem ruhigen Ort, wo Sie nicht gestört werden können. Tragen Sie bequeme Kleidung und decken Sie sich, wenn Sie möchten, zu. Da man im Liegen leicht einschlafen kann, sollten Sie diese Übung nicht im Bett machen.

Die Zeit, die Sie für diese Übung brauchen, gehört Ihnen ganz allein. Gönnen Sie sich diese wohlwollende Achtsamkeit für den ganzen Körper und bemühen Sie sich dabei nicht zu sehr, zu entspannen oder die Atmung zu beeinflussen. Sie müssen gar nichts tun. Strengen Sie sich nicht an, sondern beobachten Sie einfach, was geschieht. Beobachten Sie, was gerade jetzt ist, und verabschieden Sie sich von der uns allen bekannten Neigung, sich einen Moment immer anders zu wünschen, als wir ihn gerade erfahren. Es gibt keine Vorgabe oder eine bestimmte Art und Weise, wie Sie fühlen sollten. Versuchen Sie einfach, sich an dieser Anleitung zu orientieren und dabei alle Bewertungen und kritischen Gedanken hinter sich zu lassen. Beobachten Sie, was passiert, machen Sie sich bewusst, was Sie fühlen. Erlauben Sie sich zu fühlen, was Sie fühlen, und nehmen Sie an, dass es gut ist, so wie es ist.

- Wählen Sie eine Haltung, in der Sie eine Weile entspannt bleiben können. Die genaue Position ist dabei nicht so wichtig, Sie sollten sich nur wohlfühlen. Legen Sie sich zum Beispiel auf den Rücken und unterstützen Sie dabei die Knie beziehungsweise Ihre Oberschenkel.

- Wenn Sie sich in Ihrer Position wohlfühlen, schließen sich die Augen langsam von selbst. Sollten Sie sehr müde sein, so lassen Sie die Augen lieber geöffnet. Legen Sie die Hände neben den Körper und lassen Sie die Füße ganz entspannt nach außen fallen.

- Führen Sie Ihre Aufmerksamkeit nun zu Ihrem Bauch, auf den Sie vielleicht eine Hand legen möchten. Nehmen Sie wahr, dass Sie die Bewegung des Atems dort fühlen können: Der Bauch wölbt sich nach oben, wenn die Luft in den Körper hineinfließt und senkt sich beim Ausatmen nach unten. Lassen Sie den Atem frei fließen. Nehmen Sie auch die Atempausen wahr und wie der Atem sich auf jede von ihnen kurz hebt oder senkt. Jeder neue Atemzug kann sich ein bisschen anders anfühlen als der vorangegangene. Vielleicht spüren Sie nun, dass Ihr Körper schwerer wird. Spüren Sie die Stellen, an denen Ihr Körper die Unterlage berührt.

- Reisen Sie nun beim Einatmen mit Ihrer Aufmerksamkeit nach unten, durch beide Beine hindurch bis zu Ihren Zehen. „Stupsen" Sie diese mit Ihrer Aufmerksamkeit an. Erkunden Sie, ob Sie etwas spüren. Spüren Sie die großen Zehen beider Füße? Die kleinen Zehen? Die Zehen dazwischen? Und spüren Sie, wie die Zehen einander berühren, oder wo Raum zwischen ihnen ist? Vielleicht empfinden Sie in erster Linie Kälte oder Wärme. Vielleicht fühlen Sie gar nichts. Auch das ist in Ordnung.

- Lassen Sie bei einem Ausatmen die Aufmerksamkeit für Ihre Zehen los und reisen Sie weiter zu den Fußsohlen, zur linken und zur rechten. Was nehmen Sie an den Fußsohlen wahr, und was am Spann, der Oberseite des Fußes? Lassen Sie den Spann beim Ausatmen los und gehen Sie mit Ihrer Aufmerksamkeit zu den Knöcheln: Erspüren Sie, was dort vor sich geht, und nehmen Sie Ihre Aufmerksamkeit dann sanft zurück. Sie müssen nichts tun oder erreichen und reisen nun weiter zu den Fersen. Spüren Sie den Kontakt Ihrer Fersen mit dem Boden? Vielleicht können Sie weiche und harte Stellen unterscheiden, oder Sie fühlen Wärme oder Kälte.

- Gehen Ihnen Gedanken durch den Kopf, so nehmen Sie diese wahr. Fokussieren Sie Ihre Aufmerksamkeit dennoch weiterhin und lassen Sie sie bei einem Ausatmen los. Will der Atem nicht mitgehen, so müssen Sie nichts erzwingen. Machen Sie es sich nicht zu schwer, beobachten Sie einfach, was passiert.

- Lassen Sie die Fersen beim Ausatmen gedanklich los und gehen Sie auf Entdeckungsreise zu den beiden Unterschenkeln, zur Unterseite der Schenkel, den Waden, zu den Seiten und zu den Schienbeinen.

- Lassen Sie die Aufmerksamkeit für die Unterschenkel beim Ausatmen los und reisen Sie weiter zu den Knien. Gehen Sie auf eine Entdeckungsreise dieser Gelenke und ihrer komplizierten Struktur aus Knochen und Sehnen. Spüren Sie die Kniekehle und den Kontakt zur Unterlage.

- Lassen Sie die Knie dann beim Ausatmen aus Ihrer Aufmerksamkeit entweichen und richten Sie diese auf Ihre Oberschenkel: Spüren Sie deren Gewicht, die Kontaktpunkte zum Boden, und sinken Sie bei jedem Ausatmen etwas tiefer in die Matte oder den Boden.

- Lassen Sie die Aufmerksamkeit für die Beine mit einem Ausatmen los und gehen Sie weiter zum Becken.

- Werden Sie sich des Beckens und Ihres Schoßes bewusst, der wie eine Schale mehrere Organe umschließt. Fühlen Sie das Gewicht des Beckens, das Gesäß, das auf dem Boden ruht, und nehmen Sie alles wahr, was es wahrzunehmen gibt: die Geschlechtsorgane, den Darm und alle anderen Organe im Bauch und im Beckenraum. Spüren Sie, was es zu spüren gibt. Wenn Sie nichts spüren, ist das auch in Ordnung.

- Gehen Sie nun zu Ihrem Bauch, auch zum Unterbauch, und nehmen Sie die Bewegung wahr, die der Atem in ihn trägt. Im Rhythmus der Atmung können Sie sich mit dieser Körperregion ganz eins fühlen. Lassen Sie die Aufmerksamkeit für den Bauch und das Becken mit einem Ausatmen los.

- Richten Sie Ihre Aufmerksamkeit nun auf den unteren Rücken, den Bereich, der mit dem Becken verbunden ist. Diese Körperregion hält gerne einmal Spannung fest. Lassen Sie den Atem durch sie hindurchdringen. Lenken Sie ihn zu jeder einzelnen Stelle im unteren Rücken und lassen Sie die Spannung bei jedem Ausatmen abfließen. Gehen Sie dann zur Mitte des oberen Rückens. Erspüren Sie, ob Sie Verspannungen in der Muskulatur oder dem Rücken bemerken und bleiben Sie einen Moment bei dieser Wahrnehmung. Beim folgenden Ausatmen kann sich die Verspannung lösen. Lassen Sie die Aufmerksamkeit für den oberen Rücken dann wieder los. Spüren Sie, dass Sie sich ausruhen, fühlen Sie den Kontakt mit der gesamten Unterlage. Sie müssen nichts tun, die Unterlage, auf der Sie liegen, trägt Sie. Geben Sie sich dem Liegen hin.

- Richten Sie Ihre Aufmerksamkeit dann wieder auf die Vorderseite Ihres Körpers. Nehmen Sie bewusst wahr, dass die Bauchdecke sich mit der Atmung hebt und senkt. Und dass sich auch die Brust hebt und senkt. Vielleicht spüren Sie die Bewegung des Zwerchfells, des großen Muskels zwischen Bauch- und Brusthöhle. Lenken Sie Ihre Aufmerksamkeit mit einem kurzen Einatmen zur Brusthöhle, dem Raum, in dem sich Herz und Lunge befinden. Spüren Sie diesen zentralen Ort und nehmen Sie die Bewegung wahr. Das Herz nährt den Körper mit sauerstoffreichem Blut, das Herz und die Lunge reinigen das Blut und sorgen dafür, dass neue Energie in den Körper fließt.

- Spüren Sie Ihren Brustkorb und die Muskulatur, die ihn umgibt. Spüren Sie die Brust, nehmen Sie die gesamte Vorderseite Ihres Körpers wahr. Lassen Sie diese Körperregion dann bei einem Ausatmen aus Ihrer Aufmerksamkeit entweichen.

Die Reise geht nun weiter zu beiden Armen.

- Richten Sie die Aufmerksamkeit nun beim Ausatmen auf die Fingerspitzen beider Hände. Was fühlen Sie hier? Wärme oder Ihren Herzschlag? Lenken Sie Ihre Aufmerksamkeit zunächst auf Ihre Handflächen, dann auf die Handrücken und die Seiten der Hände; spüren Sie schließlich die Handgelenke.

- Vielleicht bemerken Sie ein Klopfen, ein Kribbeln oder einen Schmerz. Nehmen Sie mit einem inneren Blick alles wahr, bevor Sie zu den Unterarmen und den Ellbogen weiterreisen.

- Was auch immer Sie während dieser Reise empfinden: Es geht nicht darum, bei einer Empfindung zu verharren, auch nicht bei einer unangenehmen. Nehmen Sie sie einfach wahr und gehen Sie dann mit Ihrer Aufmerksamkeit weiter.

- Nun erreichen Sie die Oberarme. Erkunden Sie die Achseln und lassen Sie sie bei einem Ausatmen los. Gehen Sie dann weiter zu den Schultern. In Muskulatur und Gelenken sammeln sich hier regelmäßig Anspannungen, die am Tagesende Schmerzen verursachen können. Nehmen Sie wahr, was Sie in Ihren Schultern spüren. Sind es verspannte Muskeln, so gehen Sie bei einem kurzen Einatmen an die entsprechende Stelle und lösen die Verspannung mit einem Ausatmen.

Bleiben Sie bewusst, bei allem, was Sie empfinden.

- Wenn Ihnen Gedanken durch den Kopf gehen oder Sie den Impuls spüren, sich zu bewegen, dann lassen Sie diese Gedanken einfach gehen, bewegen sich kurz und bleiben gleichzeitig aufmerksam.

- Fokussieren Sie mit Ihrer Aufmerksamkeit dann den Nacken und den Hals. Spüren Sie die Wirbel im

Nacken und die Bewegung im Bereich des Halses. Dieser Teil des Körpers ist immer sehr aktiv, wenn Sie reden, essen oder schlucken. Lassen Sie ihn nun wieder los und richten Sie Ihre Aufmerksamkeit auf das Gesicht. Auch hier entstehen im Laufe eines Tages Muskelverspannungen. Nehmen Sie diese wahr und spüren Sie einmal hin zu Ihrem Kiefer und den Gelenken – so wie sie in diesem Moment sind. Was fühlen Sie? Atmen Sie dorthin ein und aus. Und lassen Sie die Verspannung des Kiefers mit einem Ausatmen entweichen.

- Fühlen Sie Ihre Lippen und den Mund. Erkunden Sie, was Sie in Ihrem Mund spüren. Fühlen Sie Ihre Wangen. Atmen Sie ein und aus.

- Werden Sie sich dann Ihrer Nase bewusst. Vielleicht fühlen Sie, wie der Luftstrom sanft an den Nasenflügeln entlanggleitet.

- Gehen Sie weiter hoch zu den Augenbrauen, zu der Stelle zwischen Augen und Augenhöhlen. Auch hier gibt es kleine Muskeln, die gern einmal Spannung festhalten. Nehmen Sie Ihre Schläfen wahr, die Seiten des Kopfes und die Ohren. Spüren Sie die Rundung der Ohren, den Gehörgang, und atmen Sie dorthin ein und aus. Spüren Sie auch die Stirn und lassen Sie alle Verspannung bei einem Ausatmen abfließen.

- Spüren Sie noch einmal von innen heraus das ganze Gesicht. Lassen Sie es weich werden und in dieser nährenden Aufmerksamkeit ausruhen. Atmen Sie nun in den Kopf und ebenso in den Hinterkopf hinein ein und aus.

- Leiten Sie Ihre Aufmerksamkeit schließlich zum höchsten Punkt auf Ihrem Kopf. Atmen Sie durch die Nase hoch zu dieser Stelle und durch die Nase wieder aus. Stellen Sie sich dann vor, dass dieser Punkt sich öffnet wie das Blasloch bei einem Wal. Und stellen Sie sich weiter vor, dass Sie durch diese offene Stelle in Ihrem Kopf atmen: einatmen und ausatmen und einatmen und ausatmen. Lassen Sie diese Luft und die frische Energie von oben nach unten durch den gesamten Körper strömen: in die Brust, den Bauch und die Beine. Lassen Sie den Atem mit einem Ausatmen durch die Füße entweichen. Über die Fußsohlen gelangt nun wieder ein frischer Luftzug in Ihren Körper: Atmen Sie durch die Fußsohlen ein und führen Sie den Atem durch den Körper hindurch nach oben zum Kopf, wo Sie wieder ausatmen. Atmen Sie dann noch einmal durch den Kopf ein und über die Fußsohlen aus.

- Beobachten Sie, wie es sich anfühlt, wenn Ihr Atem durch den gesamten Körper und über seine gesamte Länge fließt. Und empfinden Sie diesen Energiefluss Ihres atmenden Körpers ganz bewusst. So können Sie ihn als ein Ganzes erleben, von der Krone bis zu den Fußsohlen, verbunden durch den Atem.

- Tiefer und tiefer sinken Sie in einen Zustand des Wohlbefindens. Sie lassen das Gegebene so sein, wie es ist. Sie liegen einfach hier und lassen den Atem fließen.

- Beenden Sie Ihre Reise dann. Spüren Sie Ihren Körper, bewegen Sie sich ein wenig, strecken Sie sich aus. Klopfen Sie sich auf die Schulter für die Achtsamkeit, die Sie sich selbst entgegengebracht haben. Sie können jetzt die Augen öffnen und noch ein wenig liegenbleiben, oder Sie entscheiden sich dafür, gleich wieder zum Tagesgeschehen zurückzukehren.

3. Der Umgang mit anderen Menschen und mit Gefühlen

Im Kontakt mit anderen Menschen

Eine 27-jährige Erzieherin erzählt:
„Im Kontakt mit anderen fühle ich mich schnell
angespannt. Zumindest im Kontakt mit Erwachse-
nen. Ich habe das Gefühl, dass Eltern und Kolle-
gen immer etwas von mir wollen und verliere dann
mein Empfinden für mich selbst. Ich möchte ihnen
schon gern zuhören, aber ich spüre, dass ich auf
Distanz gehe und mich anstrenge, mein Möglich-
stes zu tun."

● ● ● ● ●

Bei vielen beruflichen Tätigkeiten hat man ständig
mit anderen Menschen zu tun – mit Kunden, Auf-
traggebern, Kollegen oder mit Schülern, Gästen und
Patienten. Um in einen echten Kontakt mit anderen
treten zu können, muss man sich selbst gefestigt
fühlen. Dann erlebt man den intensiven Austausch
von Gefühlen, Gedanken, Sympathien, Antipathien
und verschiedenen Interessen, den die Begegnung

von Menschen immer mit sich bringt, bewusster.[3]
Wer seine Aufmerksamkeit zu sehr auf den anderen
richtet, nimmt seine eigenen Gedanken und Gefühle
nicht mehr ernst. Ist man aber zu stark auf sich selbst
konzentriert, hat man keinen Blick für die Gefühle
des Gegenübers.

Wenn Sie genau wissen wollen, wie Sie im Kontakt
mit anderen Menschen und insbesondere in Stress-
situationen automatisch reagieren, können Sie sich
einmal Notizen zu den Gesprächen machen, die Sie
führen. Schreiben Sie auf, was Ihnen auffällt und was
Sie körperlich spüren. Wenn Sie in Kontakten sehr
angespannt sind, können Sie vielleicht einmal besonders darauf achten, ob Sie wohlwollend und sanft mit
dieser inneren Spannung umgehen können. Es ist
eine große Kunst, bewusst zu kommunizieren, und es
erleichtert die Sache durchaus, wenn Sie sich einge-
stehen können, dass es Ihnen manchmal schwerfällt.

Bewusster Kontakt (1 Minute während der Begegnung)

Hier folgen ein paar kurze Übungen, die dabei helfen,
sich Ihrer selbst auch im Kontakt mit anderen Menschen bewusst zu sein.

- Seien Sie mit Ihrer ganzen Aufmerksamkeit bei der Begegnung. Versuchen Sie, nicht schon im Voraus zu viel über den nächsten Schritt nachzudenken. Prüfen Sie, ob Sie zuhören können und ob es Ihnen gelingt, nichts zu tun. Wenn Sie merken, dass Ihr suchender Geist oder Ihre mitteilsame Zunge doch in Aktion treten wollen, lächeln Sie darüber.

- Versuchen Sie, sich Ihrer Körperhaltung bewusst zu sein. Nicht so sehr im Hinblick auf die Frage „Wie wirke ich auf andere?", sondern ganz wörtlich genommen: „Fühle ich, wie ich hier sitze oder stehe?"

- Wenn Sie sitzen, können Sie sich einmal ganz entspannt zurücklehnen und den Stuhl spüren. Im Stehen können Sie Ihre Aufmerksamkeit einmal zu Ihren Füßen lenken und diese fest auf den Boden stellen. Lassen Sie dabei die Knie locker, damit sie nicht überdehnt werden. So tragen Sie dazu bei, sich selbst zu „erden" und den Kontakt zum Boden zu spüren.

- Überprüfen Sie, ob Sie in dem Kontakt ausreichend Platz haben: Wenn Ihnen jemand zu nahe kommt, zu nahe bei Ihnen sitzt oder steht, können Sie das ändern. Außerdem können Sie sich bewusst machen, dass Luft an Ihre Haut dringt: Es gibt Platz um Sie herum.

- Überprüfen Sie, ob Sie die Atembewegung bei sich selbst wahrnehmen. Spüren Sie sie kaum oder gar nicht, dann atmen Sie etwas tiefer aus und achten Sie bewusst auf Ihre Füße am Boden.

- Machen Sie sich die Spannungen in Ihrem Gesicht bewusst. – Lachen Sie dauernd? Sind Ihre Kiefer angespannt? Die Augenbrauen hochgezogen? – Und atmen Sie einmal ruhig aus.

- Nehmen Sie wahr, wie es ist, einen anderen Menschen anzusehen. Sie müssen ihn dabei nicht anstarren. Spüren Sie Ihre Füße auf dem Boden, wenn Sie Ihr Gegenüber anschauen. Sollte Ihnen das sehr schwerfallen, können Sie es zunächst einmal mit einer vertrauten Person üben.

- Machen Sie sich auch bewusst, wie viele (Vor-)Urteile, Gefühle und Gedanken eine Begegnung auslösen kann. Es genügt, diese inneren Reaktionen zu erkennen und sich darüber im Klaren zu sein, dass ein Urteil letztlich eben nicht mehr ist als ein Urteil.

Der Umgang mit unangenehmen Gefühlen

Bei der Arbeit sind Sie kein Roboter, der automatisch Aufgaben ausführt. Der Arbeitsplatz kann vielmehr ein Fass voller Emotionen sein: Eifer, Konkurrenzgefühle, Fröhlichkeit, Leidenschaft, Groll, Unsicherheit, Angst, Kummer, Zorn – einige dieser Emotionen tragen dazu bei, dass wir unsere Arbeit mit Freude machen, andere dagegen können uns das Leben schwer machen. Sie können sich sicher vorstellen, wie: Man bekommt Streit, ist unterschiedlicher Meinung, ärgert sich über den Klatsch der Kollegen oder ist der Auffassung, dass sie ihre Arbeit nicht gut machen. Stoff für negative Emotionen gibt es teilweise in Hülle und Fülle. Diese können dann für beachtlichen Stress sorgen.

Ein 37-jähriger Mann, als Manager bei der Feuerwehr tätig, erzählt:
„Es war eine gute Sitzung gewesen. Bis zur abschließenden Fragerunde. Da forderte ein Mitarbeiter ganz unerwartet etwas völlig Unangemessenes von mir. Ich spürte, wie ich in die Angriffshaltung überging. Irritiert beugte ich mich nach vorne.

*Ich fixierte ihn mit meinem Blick und begann,
sehr schnell zu sprechen – ganz nach dem Motto:
„Schotten runter und draufhauen." Ich bin regelrecht in die Luft gegangen, was ich nicht professio-
nell finde. Ich bin oft innerhalb einer Sekunde auf
hundert. Nun ja, das ist für mich die Motivation,
mit dem Achtsamkeitstraining zu üben. Ich hoffe,
dass ich mich dann etwas schneller herunterbrem-
sen kann."*

● ● ● ● ●

Dieser Manager erfasst seine Reaktion sehr genau.
Er ist erbost über den beteiligten Mitarbeiter und zeigt
das mit Worten und Gesten. Und hinterher nimmt er
es sich übel, dass er so ungehalten war.

Wenn jemand seine Irritation so präzise wahrnehmen
kann, ist es eine Frage der Übung, im entscheidenden
Moment einen „Keil" der Achtsamkeit zwischen die
körperliche Reaktion und die verbalen Äußerungen zu
treiben. Damit lässt sich verhindern, dass man auf solche Situationen mit automatischen Stressreaktionen
antwortet, schneidende Bemerkungen macht, den anderen abwertet und sich dann über sich selbst ärgert.

Erkennen Sie Ihre automatischen Stressreaktionen

Die folgenden Übungen sollen Ihnen dabei helfen, diesen „Autopiloten-Modus" zu stoppen. Sie lernen, anders mit auflodernden, starken Emotionen wie Wut, Irritation, aber auch mit Unsicherheit und Zeitdruck umzugehen.

Versuchen Sie einmal eine Woche lang ein Tagebuch zu führen, in dem Sie Ihre Reaktionen auf stressige Gespräche oder E-Mails festhalten. Daran können Sie dann sehr genau ablesen, wie Ihre Irritation, Ihre Wut oder Ihre Unsicherheit aussehen. Schreiben Sie auf, wie Sie sich während eines solchen Gesprächs fühlen: Was fällt Ihnen an Ihrem Körper, Ihren Gedanken, Ihren Gefühlen auf? Sie müssen daran nichts verändern.

Die Irritation bei sich selbst wahrzunehmen und Geduld dafür aufzubringen ist bereits ein großer Schritt nach vorn.

Eine 52-jährige leitende Angestellte erzählt:
„Als ich von der Personalabteilung eine völlig
ungerechtfertigte Ermahnung per E-Mail bekam,
konnte ich mich gerade noch rechtzeitig zurück-
halten, darauf mit einer scharf formulierten E-Mail
zu antworten. Ich war fürchterlich aufgebracht
und kochte innerlich. Aber ich habe mich gezwun-
gen, zuerst etwas anderes zu tun, habe dann erst
einmal angefangen aufzuräumen. Dabei kam mir
die Idee, persönlich in die Personalabteilung zu
gehen. Das hatte eine positive Wirkung. Ich bin
sehr froh über diesen Einfall, denn so ist es mir ge-
lungen, auf eine andere, positive Art zu handeln."

Atempause bei Ärger und Zorn (30 Sekunden)

Wer zu jähzornigen Reaktionen neigt, leidet unter
Umständen selbst sehr darunter. Der Ärger steigt so
schnell hoch, dass man glaubt, ihn nicht kontrollieren
zu können. Doch auch in solchen Fällen lassen sich
die eigenen Reaktionen besser in den Griff bekommen, wenn man dieser starken Emotion mit Aufmerksamkeit begegnet. So stärkt man außerdem die persönliche Autonomie.

Das Rezept für Achtsamkeit bei Ärger:

- Platzieren Sie beide Füße besonders fest auf dem Boden, sobald Sie spüren, dass ein Wutanfall droht.

- Lenken Sie Ihre Aufmerksamkeit dann auf Ihre Atmung. Atmen Sie einmal etwas tiefer ein und dann langsam aus – und kommen Sie mit den Schultern nach unten.

- Zählen Sie beim Ausatmen langsam bis zehn und bedenken Sie, dass es nur um wenige Sekunden Ruhe geht. Was hält Sie ab?

Sie geben sich selbst die Gelegenheit, langsamer zu werden, so unpassend das in der jeweiligen Situation, wie etwa in einer Sitzung, auch sein mag.

Wenn Sie dann zu Hause sind und sich immer noch wie unter Strom fühlen, kann eine Sitzmeditation Ihnen dabei helfen, Ihre Aufmerksamkeit auf den Atem zu richten.

Der Umgang mit Irritation (8 Minuten)

Oft leidet man unter einer speziellen, immer wiederkehrenden Irritation. Das kann zum Beispiel der Ärger über einen jungen Kollegen sein, der immer noch nicht eingearbeitet ist und keinerlei Initiative zeigt, dies zu ändern. Wenn Sie sich immer wieder über eine bestimmte Situation ärgern, wenn Sie nachts darüber grübeln, dann sollten Sie diesen Ärger mit Hilfe der folgenen Übung einmal genauer anschauen.

1. Erkennen

Nehmen Sie sich Zeit und konzentrieren Sie sich auf die entsprechende Situation und Ihre Reaktionen. Üben Sie vorzugsweise, wenn Sie alleine sind. Sie können dabei stehen oder sitzen.

Stellen Sie sich selbst diese und ähnliche Fragen:
- Was genau ist mein Problem?
- Welche Reaktionen zeige ich?
- Welche Gedanken gehen mir durch den Kopf?

Sie müssen nichts verändern. Betrachten Sie ruhig und neugierig, wie der Ärger auftritt. Rollen Sie den roten Teppich für dieses Gefühl aus, auch wenn es unangenehm ist.

Fragen Sie sich: Was genau ist jetzt los in mir? Lassen Sie die Irritation ruhig vor sich hinköcheln.

2. *Spüren Sie Ihren Körper*

Manifestiert sich die Irritation sehr stark, dann erspüren Sie die Stelle in Ihrem Körper, wo sich die Spannung aufbaut. Atmen Sie einmal etwas tiefer ein und langsam wieder aus. Bringen Sie die Geduld dafür auf. Gestehen Sie sich ein, dass die Irritation, der Ärger, Ihr Urteil über diese Situation nun einmal da sind. Bitten Sie sie herein wie alte Freunde.

Auch wenn dieses Ärgernis Sie immer wieder belastet: Richten Sie Ihre Aufmerksamkeit jedes Mal auf den schwachen Punkt. Das ist eine Form des Trainings, denn so üben Sie sich immer weiter darin, die unangenehmen Empfindungen anzuschauen, und geben sich damit selbst die Gelegenheit, gelassener zu werden. Ebenso können Sie über Ihre Beobachtungen auch Buch führen.

3. *Für sich selbst sorgen*

- Im letzten Teil der Übung beschäftigen Sie sich mit der Frage, was Sie brauchen, beziehungsweise, was Ihnen guttun würde:

- Tut es Ihnen gut, Ihre Emotionen zu äußern?

- Was bringt es Ihnen, wenn Sie Ihren Ärger hinunterschlucken?

- Können Sie die unerwünschte Situation verändern?

- Hilft es Ihnen, sich einmal ganz gezielt zehn Minuten lang bei einem Kollegen oder zu Hause zu beklagen?

- Können Sie die Anfahrtszeit zur Arbeit bzw. Ihren Nachhauseweg dafür nutzen, um all die unangenehmen Gedanken, soweit sie Ihnen einfallen, Revue passieren zu lassen?

Runden Sie die Übung mit einem etwas tieferen Einatmen und einem langsamen Ausatmen ab.

Der Umgang mit Unsicherheit

Eine 48-jährige Sekretärin erzählt:
„Ich werde immer über die Maßen nervös, wenn
ich in einer Sitzung Protokoll führen soll, bei der es
um Dinge geht, von denen ich keine Ahnung habe.
Und genau das sollte ich kürzlich wieder einmal
tun. Ich konnte nicht ablehnen und spürte, dass ich
kein Wort mehr herausbrachte. Dann kam mir die
Idee zu sagen, ich müsse zuerst noch etwas anderes
fertig machen. Ich habe die Drei-Minuten-Atem-
pause gemacht und bin dann in aller Ruhe zum
Essen gegangen, allein. Ich spürte, wie die Panik
zurückwich, und habe mir gedacht: Komm schon,
du kannst es."

● ● ● ● ●

Viele Menschen kämpfen bei der Arbeit mit Unsicherheit und Versagensängsten. Diese Gefühle können sich
auf unterschiedliche Weise äußern. Manche geben sich
selbst die Schuld für alles, manche sind unfreundlich

zu anderen. Es gibt auch Menschen, die sich vor ihren Kollegen nichts anmerken lassen und ihre eigenen Grenzen eigentlich immer überschreiten.

Ein 40-jähriger Filmemacher sagt:
„Alles und jeder, dem man Aufmerksamkeit schenkt, ist wichtig. Aber ich habe keine so hohe Meinung von mir selbst. Ich habe Angst vor dem kleinen Mann in mir, der sagt, dass es nicht gut ist, wenn ich mir selbst zu nahe komme, dass es ja doch nur wertloser Kram ist, der da zum Vorschein kommt. Na ja, Aufmerksamkeit für mich selbst, das ist möglicherweise schon wichtig, aber nicht einfach."

Unsicherheit kann verschiedene Ursachen haben. Vielleicht stellen Sie zu hohe Ansprüche an sich selbst. Vielleicht ist Ihr Aufgabenspektrum unklar. Vielleicht erhalten Sie nie Feedback. Möglicherweise hatten Sie auch zu strenge Eltern.

Unsicherheit ist eine Form von Angst. Man hat Angst zu versagen und denkt, man sei nicht gut genug. Diese innere Angst und die Neigung, immer alles hundertprozentig zu machen, zeigen sich auf physischer

Ebene: Das Herz pocht wie wild, man ist extrem aufmerksam oder es bricht einem bei einer speziellen Frage der Schweiß aus.

Die inneren Signale der Angst bleiben oft im Verborgenen, und wir bemerken chronische Beschwerden wie etwa Müdigkeit, hohen Blutdruck, Stimmungsschwankungen oder große Ängstlichkeit erst nach längerer Zeit. Diese Beschwerden können die Betroffenen noch unsicherer werden lassen. Ein Teufelskreis beginnt.

Sie können diesen Teufelskreis durchbrechen. Achtsam mit der eigenen Unsicherheit umzugehen erfordert den Mut, der zu sein, der man ist. Sie sind wertvoll, weil es Sie gibt. Und dafür, dass es Sie gibt, müssen Sie nichts tun.

Wenn Sie ganz bewusst zum Thema Unsicherheit üben wollen, sollten Sie das in einem ruhigen Moment tun. Weiter ist es empfehlenswert, sich an mehreren Tagen hintereinander dafür jeweils etwa zehn Minuten Zeit zu nehmen. Günstig ist es, einen festen Zeitpunkt dafür zu wählen: vor, während oder nach der Arbeit.

Atempause bei Unsicherheit (9 Minuten)

Die Übung besteht aus vier Einzelteilen und wird im Stehen ausgeführt.

1. Nehmen Sie einen aufrechten und stabilen Stand ein, die Füße hüftbreit auseinander. Strecken Sie sich mit den Händen über dem Kopf nach oben und schauen Sie dabei zwischen den gestreckten Händen hindurch zur Decke. Sie stehen fest wie ein Berg auf dem Boden und spüren, wie die Atmung in den Flanken Raum greift. Führen Sie die Arme beim Ausatmen ganz langsam seitlich nach unten. Wiederholen Sie diese Streckübung. Ruhen Sie dann ein wenig aus und halten Sie den Blick auf einen Punkt vor sich auf dem Boden gerichtet.

2. Betrachten Sie jetzt ruhig Ihre Gefühle der Angst und Unsicherheit. Schauen Sie sie genau an. Erkunden Sie, wo Sie die innere Verkrampfung in Ihrem Körper spüren. Welche Farbe haben Ihre Gedanken und Gefühle? Sind sie schwer oder leicht? Machen Sie sich mit dieser unangenehmen Empfindung vertraut, Sie müssen nichts verändern: Es ist nichts falsch an Ihnen.

3. Lenken Sie Ihre Aufmerksamkeit auf Ihren Atem. Atmen Sie einmal etwas tiefer ein und dann langsam

aus. Folgen Sie der Atembewegung auf eine sanfte, wohlwollende Art, dorthin, wo sie deutlich zu spüren ist: in der Brust oder im Bauch. Erkunden Sie die Atembewegung.

4. Lassen Sie jetzt Ihren Blick wieder weiter werden: Sie schauen nach draußen, schauen sich Ihre Umgebung an und sind sich aller Reize bewusst, die Sie wahrnehmen. Geben Sie allem, was Sie wahrnehmen, auch Ihrer Unsicherheit, die Anerkennung, die es braucht. Das ist ein wichtiger Anfang. Überlegen Sie, was Sie benötigen, um Ihre Unsicherheit in der Arbeit zu reduzieren.

Eine Möglichkeit wäre zum Beispiel, dass Sie gemeinsam mit Kollegen Lösungen suchen. Vielleicht brauchen Sie ein Einarbeitungsprogramm oder eine gute Aufgaben- bzw. Stellenbeschreibung. Wie wäre es, Ihren Vorgesetzten um Feedback zu bitten? Auch ist es hilfreich, sich selbst gut zuzureden und aufzuschreiben, was alles gut geklappt hat.

Überlegen Sie auch einmal, ob Sie möglicherweise immer alles besonders gut machen und immer hundert Prozent geben wollen. Perfektionismus kann unnötig viel Energie rauben.

Ein 43-jähriger Projektleiter für Webapplikationen bei einer Luftfahrtgesellschaft erzählt:

„Für mich war es der ‚Eyeopener' schlechthin, dass man seine eigene Wahrheit beeinflussen kann, indem man seinem Denken bewusst Aufmerksamkeit schenkt. Ich liefere meine Projekte inzwischen in siebzigprozentiger Qualität ab, bezogen auf meine Möglichkeiten, und denke mir: Wenn es nicht passt, soll man mir das sagen. Es wurde noch nie etwas beanstandet. So kann ich meinen Perfektionismus zügeln und komme nun immer rechtzeitig nach Hause. Ich denke mir dann: Wenn ich das jetzt nicht übe, ist es eine Frage der Zeit, bis ich ausgebrannt auf dem Sofa sitze und dann noch weniger leisten kann. Und davon hat doch niemand etwas."

Achtsamkeit bei Stress durch Termindruck

Bei Termindruck oder anderen stressigen Situationen gilt: Je länger jemand unter hohem Druck steht, desto länger braucht er, um sich zu erholen. Versuchen Sie deshalb, wenn Sie in einer Phase mit hohem Leistungsdruck stecken, ausreichend viele Mikropausen einzubauen. Bemühen Sie sich besonders in solchen Situationen, wenigstens einmal pro Stunde drei Mal ganz bewusst ein- und auszuatmen. Der folgende Satz kann Ihnen dabei helfen:

> „Ich atme ein und komme zur Ruhe,
> ich atme aus und entspanne mich."

Üben Sie in besonders stressigen Zeiten den „Bodyscan", die Übung im Liegen, auch zu Hause.

Wenn die stressige Phase dann vorüber ist, empfiehlt es sich, den Terminkalender in der darauffolgenden Woche etwas weniger zu füllen.

*Eine 36-jährige Anwältin, Mutter von zwei Kindern,
erzählt:*

*„Wenn ich kurz vor einem Abgabetermin richtig
im Stress bin, ist mein Kopf blockiert. Es fühlt sich
an, als hätte ich vom vielen Denken einen vierecki-
gen Kopf. Dann mache ich die Übung zu Hause
im Liegen – und dann ist an dem Kopf wieder ein
Körper dran."*

Mehr zum Thema Achtsamkeit

Hintergrund der Achtsamkeitsübungen

Die Achtsamkeitsübungen in diesem Buch haben ihren Ursprung in der buddhistischen Meditationstradition und in dem Achtsamkeitstraining nach Jon Kabat-Zinn.

MBSR-Training

Der amerikanische Molekularbiologe Jon Kabat-Zinn entwickelte 1980 das Training *Mindfulness Based Stress Reduction* (MBSR – Stressbewältigung durch Achtsamkeit). Er kombinierte in diesem Training Meditationstechniken mit Yogaübungen und westlichen Erkenntnissen über Stress. Das Achtsamkeitstraining erfährt seither viel Interesse. Siehe auch: www.umassmed.edu/cfm.

Das vollständige Übungsprogramm umfasst acht wöchentliche Sitzungen; man benötigt täglich eine Stunde Zeit zum Üben. Abgesehen von der Sitz-

meditation, dem Yoga und der Übung „Bodyscan"
wird auch im normalen Alltag geübt. In diesem Buch
habe ich die kurzen, täglichen Übungen des Achtsamkeitstrainings speziell auf die Arbeitssituation
zugeschnitten.

Das MBSR-Übungsprogramm vermittelt den Teil-
nehmern, wie sie mit Stress, Emotionen, Unfrieden
und Schmerz umgehen können. Zur Rückfallprävention bei Depression wurde eine Variante entwickelt,
die *Mindfulness Based Cognitive Therapy* (Achtsamkeitsbasierte Kognitive Therapie, MBCT). Beide Pro-
gramme werden im gesamten deutschsprachigen
Raum angeboten. Für weitere Informationen und
Kursangebote in Ihrer Region sei empfohlen:
www.mbsr-verband.org (Berufsverband der MBSR-
MBCT-Lehrer und -Lehrerinnen im deutschsprachigen
Raum).

Lesetipps

Kabat-Zinn, Jon: Gesund durch Meditation: Das große Buch der Selbstheilung. Fischer Taschenbuch, 2007.

Kabat-Zinn, Jon: Im Alltag Ruhe finden: Meditationen für ein gelassenes Leben. Fischer Taschenbuch, 2008.

Lehrhaupt, Linda; Meibert, Petra: Stress bewältigen mit Achtsamkeit. Zu innerer Ruhe kommen durch MBSR – Mindfulness-Based Stress Reduction. Kösel, 2010.

Magill, Mark: Warum Buddha lächelt. Das Geheimnis des Glücklichseins. Rowohlt Taschenbuch, 2005.

Segal, Z.; Williams, M.; Teasdale, J.: Die Achtsamkeitsbasierte Kognitive Therapie der Depression. Ein neuer Ansatz zur Rückfallprävention. DGVT, 2008.

Anmerkungen

[1] Nach: Magill, Mark: Warum Buddha lächelt. Rowohlt, 2005.

[2] Nach: Segal, Z.; Williams, M.; Teasdale, J.: Die Achtsamkeitsbasierte Kognitive Therapie der Depression: Ein neuer Ansatz zur Rückfallprävention. DGVT-Verlag, 2008.

[3] Nach Kabat-Zinn, Jon: Gesund durch Meditation: Das große Buch der Selbstheilung. Fischer Taschenbuch, 2007.

Illustrationen im Innenteil: © Gerard de Groot

Auftanken statt auspowern

Gerd B. Achenbach
Das kleine Buch der inneren Ruhe
Band 6117
Hektik und Rastlosigkeit prägen unsere Welt. Wie zur inneren Ruhe
finden? Texte aus dem Reich der Philosophie nehmen uns bei der Hand.
Lebensweisheit von Seneca bis Nietzsche und vielen anderen.

Mathias Binswanger
Die Tretmühlen des Glücks
Wir haben immer mehr und werden nicht glücklicher.
Was können wir tun?
Band 5809
Wie entgehen wir den Tretmühlen der Glücksverheißung:
mehr Einkommen, Status, immer neue Chancen, immer noch mehr
Zeitersparnis …? Aus der Sicht eines Ökonomen: ein Buch über die
wirklichen Voraussetzungen des Glücks.

Susanne Breuninger-Ballreich
Was Sie stark macht – verborgene Kräfte aktivieren
Band 5972
Bewährte Übungen aus der Praxis der Autorin erschließen die inneren
Ratgeber, die jeder Mensch besitzt: Zeigen Sie, was in Ihnen steckt!

Karlheinz A. Geißler
Wart' mal schnell
Wie wir der Zeit ein Schnippchen schlagen
Band 5696
Wer hat schon Zeit in unserer Zeit? Geißlers Rat: Vergessen Sie doch
einfach eine Weile die Zeit – indem Sie sich mit ihr beschäftigen.
Ironisch, amüsant und tiefsinnig. So viel Zeit muss sein.

Karlheinz A. Geißler
Zeit – verweile doch
Lebensformen gegen die Hast. Mit einem Bilderzyklus von Karl Weibl
Band 5959
Einer der renommiertesten Zeitforscher unserer Tage zeigt hier, was man
der Alltagshast entgegensetzen sollte: Ein überzeugendes Plädoyer für das
Warten und Pausieren, fürs Innehalten, Trödeln und Abschalten!

HERDER spektrum

Lorenz Marti
Mystik an der Leine des Alltäglichen
Band 6197
Was haben Himbeerbonbons mit Meister Eckhart zu tun? Warum ist
Haare schneiden ein Ritual? Und was macht ein tibetischer Lama mit einer
lästigen Fliege? Auf siebzig Spaziergängen entdeckt Lorenz Marti Spuren
des Mystischen im ganz Alltäglichen.

Lorenz Marti
Wie schnürt ein Mystiker seine Schuhe?
Die großen Fragen und der tägliche Kleinkram
Band 5687
Spiritualität – die Liebeserklärung an das ganz Gewöhnliche. Marti gibt
keine Rezepte, empfiehlt keine Übungen. Er nimmt seine Leser mit.
Mitten ins Herz des Alltags.

Eckhart Müller-Timmermann
Ausgebrannt – Wege aus der Burnout-Krise
Band 5539
Energielos – Ideenlos – Ausgebrannt! Es gilt Warnsignale zu erkennen und
rechtzeitig gegenzusteuern. Schon kleine Schritte verändern die Situation,
bringen neue Energie.

Luise Reddemann
Eine Reise von 1000 Meilen beginnt mit dem ersten Schritt
Seelische Kräfte entwickeln und fördern
Band 5919
Dieses Buch ist nichts weniger als eine kleine Schule der Lebenskunst, die
uns zeigt, wie wir uns aus Blockaden befreien und Leichtigkeit und
Gelassenheit zurückgewinnen können.

Felicitas Römer
Ich bin keine Super-Mama!
Schluss mit dem schlechten Gewissen
Band 5886
Viele Tipps aus eigener Erfahrung: für den Umgang mit dem eigenen
Perfektionsstreben – und den Umgang mit den Supermamas, -nannys,
-grannys, die uns im Alltag begegnen.

HERDER spektrum

Hans Ruoff
Die Kunst des erfolgreichen Abstiegs
Vom guten Leben jenseits der Karriere
Band 5990
Es gibt ihn: den dritten Weg zwischen Karriere und Scheitern!
Dieses Buch zeigt neue Möglichkeiten.

Wolfgang Schmidbauer
Dranbleiben – die gelassene Art, Ziele zu erreichen
Band 6031
Ein Plädoyer für das Dranbleiben – denn die Fähigkeit, eigene Ziele
zu erkennen und dynamisch zu verfolgen, bereichert das Leben.

Angie Sebrich
Nichts gesucht und viel gefunden
Von der Medienfrau zur Herbergsmutter. Mein fast normales Leben
Band 3016
Als Pressechefin bei MTV hat Angie Sebrich einen Traumjob. Dann
entscheidet sie sich, mit ihrem Freund eine Jugendherberge zu übernehmen
und eine Familie zu gründen. Warum sie ihr neues Leben keineswegs als
Abstieg empfindet, erzählt die Autorin mit viel Witz und Tempo!

Sonja Streit
Fragen Sie den Coach
Hilfen bei Zwickmühlen im Job
Band 6023
Die besten Fragen und Antworten aus der beliebten Kolumne der FAS:
Alltägliche Konflikte und Fragen, von Problemen zur Kleiderordnung
über den Umgang mit schwierigen Geschäftspartnern bis hin zu peinlichen
Gesprächssituationen.

Notker Wolf
Gönn dir Zeit. Es ist dein Leben
Band 6220
In diesem persönlichen Buch erfährt man viel über das Geschenk der Zeit
und was wir damit anfangen können. Ein Buch der Lebenskunst,
der Lebensfreude und der Spiritualität

HERDER spektrum